作者簡介

「一手打造「雙女神」 眾多企業名人唯一推薦的減重・塑身專家」

林煦堅 Kenny

長相神似吳奇隆、被媒體封爲「小四爺」，健身資歷長達20年、教學經驗超過13年，教過的學員數百人、從最小的2歲到最年長的82歲！其中不乏許多知名的企業界人士和網路名人，同時也是多名高球名將指定的體適能教練！還有人遠從大陸每週專程搭機來台上他的課。

他也曾是柔道國手，得過10次冠軍、20幾次亞軍和季軍，在教學的歷程上，也獲得許多獎盃與獎牌的肯定。平均每半年就會赴國外研習更多營養學、健身、減重方面的相關知識，也會不定期受邀赴世界各地演講和教學觀摩。

近幾年更因爲成功的打造「雙女神」、以及一支陣容堅強、型男正妹組成的「塑身教練團」，而廣爲受到媒體和大眾的注意！更是許多知名企業競相邀請開課的超級教練！他同時也被封爲「馬甲線、人魚線的知名推手」、「最可信賴、最厲害的超級瘦身專家」！

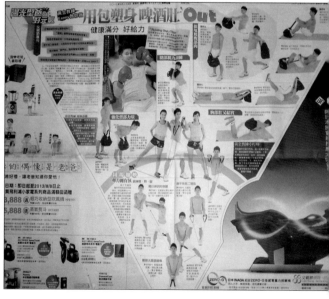

證照 & 資格

★ AASFP 亞洲運動及
　體適能專業學院私人教練證
★ FISAF 澳洲國際有氧體適能指導員證書
★ IHFI 護脊運動教練證書
★ IHFI 私人教練證書
★ RTS 美國專業抗阻力教練證
★ 柔道國家級教練證
★ 柔道國家級裁判證
★ 運動休閒產業經理人合格證書
★ 行政院體育委員會國民體適能指導員證書
★ 中華民國水上救生協會救生員証

經歷

曾任

馬甲線女神、「逆天術」作者張婷媗 私人教練
數家報章雜誌健身單元 示範教練
喬大 Kenny 體適能中心 教練、顧問
加州健身俱樂部 (califorrnlia) 教練
金牌健身俱樂部 (GOLD'S GYM) 特約教練
金牌健身俱樂部 (GOLD'S GYM) 私人教練部組長
伊士邦健康俱樂部 (BEING SPORT) 私人教練部主任
伊士邦健康俱樂部 (BEING SPORT) 私人教練部副理
伊士邦健康俱樂部 2006、2007 年「最佳教練」

現任

★ kenny 體適能中心
　Kenny Fitness 負責人
★ 企業集團
　內部訓練專屬教練

學員正妹牆

Contents [目錄]

Contents

子犬

[kenny 的課程太簡單，完全顛覆我的瘦身概念，
沒想到才 2 個月竟然有了驚人的變化！]

從來沒有想過年輕時是模特兒的我，會有胖到 80 幾公斤的這一天，不得不踏上瘦身這條坎坷路。但也因此認識了 kenny，從此顛覆了我對瘦身的定義。

我身高 166cm，25 歲前體重都是 48kg，結婚後歷經五年不孕的日子，吃排卵藥、打賀爾蒙針劑，為了懷孕胖到 59kg，我以為這體重會是我人生中最可怕的數字，沒想到後來我意外懷孕，因為心臟病容易水腫的體質，讓我在懷孕期間體重飆升到 84kg ！（沒錯！就是從 48kg 變成 84kg）

儘管產後靠著飲食、塑身衣、局部抽脂瘦到 60 出頭，但這兩年不管我買了多少瘦身書、試過各種瘦身方式，卻怎樣也回不到年輕時的體重和體態，因為胖，連健康狀況也越來越糟糕……

某天，朋友送了我一本書「馬甲線女神‧台灣第一美魔女：張婷媗的逆天術！」，翻了幾頁才發現自己的狀況跟張婷媗很類似，我們都有心臟病而不能激烈運動，年輕時是模特兒身材、生完小孩卻是歐巴桑體型等等……

於是，我開始瘋狂搜尋她的健身教練，那個讓她三個月就瘦回來、還雕塑出馬甲線的 kenny 教練！

老實說，一開始我也跟張婷媗一樣很害怕運動，怕自己的心臟負荷不過來、怕動作太複雜而不持久，可是 kenny 的健身教學卻是出乎我意料，每次運動我都覺得超簡單，簡單到在任何地方想到都可以做，運動太久還不行！而且他還鼓勵我吃越多瘦越快……

這些完全顛覆我對瘦身的概念，讓我好幾次都懷疑他是在呼嚨我！

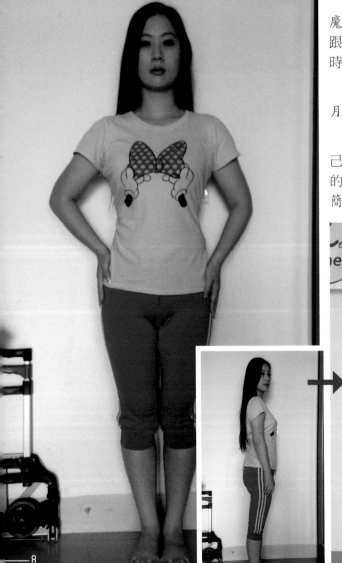

然而伴隨著他的冷笑話以及輕鬆的上課方式，二個月後，我腹部的六塊肌居然出現了！體脂肪也從產後的 30 幾 %，抽完脂後的 28%，到運動二個月後的 26%，連產前 55kg 的牛仔褲都可以塞進去了！

俗語說「世上沒有醜女人，只有懶女人」，偏偏我就是出名的懶又愛美，所以不管是美容、瘦身和運動，都一定要用最懶的方式（當然必須是有效的），就是要打破傳統，化不可能為可能。

接下來，一起輕鬆地跟著 kenny 顛覆你的觀念，朝著人人稱羨的曲線之路前進吧！

星醫美集團／星采星和醫學美容
副總經理

Tanya Yang

我是個完全不愛運動、又討厭流汗的人！
kenny 卻讓我短短一個月就練出馬甲線，連胸、臀、腿都改變了！

運動真的是人生最棒的事，因為運動讓我充滿正能量，改變了我的生活，影響到朋友也開始運動，更意想不到的是拉近和家人的距離。

以前我是完全不愛運動、討厭流汗的人。（我想我這輩子都不可能運動了！）因為真的覺得運動好難、好累，完全沒有耐力！可是又極度愛漂亮的我，開始在意自己的體態，雖然不胖，但整體看起來不勻稱，脂肪都集中在下半身。最近又很流行「馬甲線」，我看著自己的偶像澳洲超模，米蘭達·凱爾 Miranda Kerr，完美的身材，於是下定決心開始運動，希望也能擁有和她一樣的好身材。

我開始上網找私人健身教練，在 FB 找到了 Kenny 教練，12 週的課程就這樣展開，真不敢相信自己可以從板橋到關渡，只為了一週一小時的課程，當然重點是很幸運我的教練是 Kenny ！

因為他非常專業，不管是在健身、有氧或飲食方面，都是針對每個人體質去做搭配，來達到最有效的瘦身與雕塑。所以也因為 Kenny 的專業，讓我在短短一個月就練出馬甲線，腿部和臀部也有很明的變化，變更緊實與纖細。

結束 12 週課程果真達到自己想要的體態，非常感謝 Kenny 和自己，而在這過程中除了身體變化之外，心靈上也得到很多的改變，變得更有自信、更快樂。

現在的我瘋狂愛上運動，所有運動項目都慢慢開始去嘗試，挑戰身體的極限，享受運動過程中流汗的感覺，和運動過後帶來的愉悅，這些都是前所未有的感受。

「健身女神」楊昕 Tanya

Iris

本來還對 kenny 的「瘦身計畫」半信半疑，
結果奇蹟竟然發生在我身上⋯⋯

印象裡，我的人生大部分的時間都是在減肥裡渡過的！

因為我愛美食，總是是在大吃大喝以後才又因為愧疚而節食，舉凡巫婆湯、三日減肥法、七日減肥法，各式各樣的減肥祕方我都試過，但從沒有一個方法可以真的讓我不復胖，直到我遇見 Kenny。

一年多前，在生產做完月子後，孕期增加的二十公斤居然還有十公斤留在身上！當時透過姐姐認識了因為打造「台灣第一美魔女」而十分有名的 Kenny，在半信半疑的情況下參加了為期三個月的健康減重班。

Kenny 提倡透過運動、作息、飲食、營養等方式做減重管理，他教授了許多不需要專業場地和器材的運動，讓自己沒有藉口，隨時都可以動起來，並透過紀錄生活日誌的方式，了解自己的作息哪裡需要做修正以提升代謝。

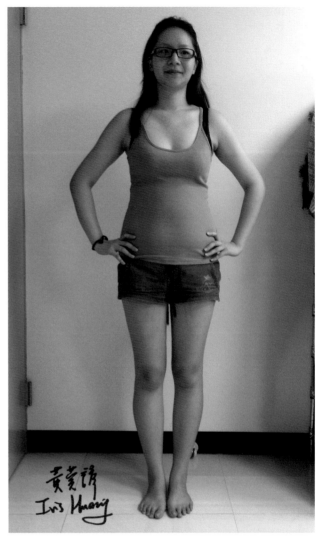

另外，飲食方面他提倡均衡並多餐的概念，讓身體不會因為飢餓而囤積脂肪，最後，透過補充對的營養讓身體將所做的努力發揮到淋漓盡致。

奇妙的是，透過這三個月的課程訓練，我不但恢復到還未生產前的體態，這一年多來我也從未復胖過！我瘦身的故事還上了蘋果日報呢！

看到這裡，你心動了嗎？趕快翻到後面，讓 Kenny 親自告訴你健康減重的秘方！

過去一直被錯誤的健康謬論所害，
是Kenny讓我學會如何越吃越瘦、如何調整生活、如何正確運動！

誰不想擁有更完美的身材？更年輕有活力的身體？

可惜坊間眾說紛云的謬論往往誤導了大家的方向，我也長期身為受害者之一！

慶幸的是，可以在 2010 年接觸到正確的飲食和生活調整計畫，讓我知道可以如何透過每一口健康的美食而越吃越瘦！

更幸運能透過 Kenny 教練的專業指導，讓我能重拾學生時期對運動的熱愛與信心！

何謂「專業運動教練」？ 就是讓我們不但知道如何正確與安全地運動，更理解為何要與如何堅持。

結果固然重要，但過程愉快才有影響力！讓每個快樂運動者都能成為健康生活的推廣者。

台灣人的飲食與生活習慣越來越不健康！健保與醫療體系對人民的護航力也愈見薄弱，若能從健康生活的觀念與正確運動的教育來推廣，對我們寶島人民的幸福指數絕對會有幫助的！

就讓我們一起跟著 Kenny 教練輕鬆起步、快樂進行、堅持到底，為自己的健康與快樂負起全部的責任囉！

雅粕有限公司負責人　*董宥均*

我今年 43 歲了，
感謝 Kenny 讓我走到哪都有人問我是怎麼保養的！

健身前，我身高 169 公分、56.2 公斤，其實並不重，但總覺得人腫腫的。

今年三月，我加入 kenny 的體適能課程，教練要我們記錄每日飲食，再逐一檢討，才發現我喝太多甜飲料、吃太多麵包和麵條，是這些吃過多的糖份和澱粉造成我水腫。

教練說減重不該挨餓、保持心情愉快才會瘦！而且一天吃 6 餐、不挨餓一樣能瘦。

kenny 設計的肌耐力訓練動作，二天做一次。三個月之後，我的水腫漸漸消去，而且我還練成了馬甲線、身形更加完美了！走到哪都有人來問我如何保養。

現在的我，愛死了自己的身材，變的更有自信，不再只是瘦。而是瘦的有精神又健康。

每天早晨起來躺在床上，不由自主地欣賞著自己的線條，真的很美，但我會繼續進化下去。

朋友，我今年 43 歲了，如果我可以，你也一定做的到！

林慧君
Linda Lin

陳芳蒂

> 我敢說，全台灣少有人像 Kenny
> 飲食營養的研究這麼專業、全方面！

Kenny 教練重視的不只是單一面向的運動，而是多管齊下的為妳打造妳想要的 Dream body！包括減重期的飲食、心理建設以及運動。

尤其是飲食營養方面的研究，我可以說，在全台灣很少有人可以像 Kenny 教練這麼全方面的！

因為 Kenny 教練之前也是運動員，也飽受運動傷害的荼毒，所以 Kenny 教練在注重運動的效率之餘，預防運動傷害方面也是非常注重的，不當且過量的運動，容易造成運動傷害，不僅拖累之後整體的運動規劃，也有可能造成一輩子的傷痛。

藉此感謝 Kenny 教練為台灣運動教練界樹立了良好的典範，我誠心推薦他。

復健科醫師　陳芳蒂 Fendi Chen

廖紅阿嬤

> 我是 82 歲的廖紅阿嬤，我跟兒子都是洗腎患者
> 我們跟 Kenny 上課 3 年多了，一試成主顧！

廖紅

我是廖紅阿嬤，今年已經 82 歲了，還是每星期一、五早上很固定的上 Kenny 的運動課程，這樣子已經持續了 3 年的時間，但其實這是有一段故事的。

雖然我 82 歲了，但是每天的行程都是非常忙的，每個一、三、五的行程都非常固定，一大早大約 6 點就會到中正紀念堂去打太極拳、爬樓梯，結束之後又去復健中心復健，下午要去洗 4 小時的腎。然後二、四早上會去佛堂，下午會去唱歌、偶爾打牌，所以非常忙碌。

起初我兒子開始運動，也鼓勵我可以一起上一對一的課程，但我非常的反對，我認為運動為什麼要花錢？運動就是要靠自己的意志力堅持就好了，看了兒子上 kenny 運動課程約 2 年多之後，健康狀況改善許多（我兒子也是洗腎患者），加上兒子也鼓勵我 2 年多，我終於願意來嘗試了，結果一試成主顧，一直持續上到現在已經 3 年多了。

不要以為我只是想改善身體健康的，我可是很注意自己的身材，我還曾經跟 Kenny 講過，希望肚子可以再瘦一點，這樣動作也靈活點，當然身體健康也是很重要的。因為我行動比較緩慢，而且也比較怕冷，所以 Kenny 是每個禮拜一、五的早上到我家裡來幫我執行運動課程，Kenny 的上課過程當中，非常的注重互動，還有安全性，以及個人需求，因為我其實是一個很怕枯燥的運動課程的人，所以 Kenny 會運用彈力繩改編的運動健康操以及簡單的球類運動，讓我感覺運動好像在玩樂，我可以很開心又很放心。

其實這個年輕人有一個很大的優點：就是可以接受我一直碎碎念，而且他會在運動後的 10 分鐘幫我做按摩和伸展，但我自己最大的體會是，很多關節性的退化有明顯的改善，以前覺得關節在疼痛的時候，就是不敢動，但現在如果不是很痛，堅持運動一下，反而覺得運動完後舒服的感受是很棒的。

以前去復健的地方，看到很多復健的機器都不敢嘗試，現在到那邊都勇於嘗試，很多 60 幾歲的人和年輕小夥子看了都很羨慕，這都要感謝 Kenny 的指導。

[kenny 幫我調整之後，代謝變強了、體能更好了！]

打球打了十幾年，在認識 kenny 教練之前，我都是自己在做重量訓練，不過因為不太懂，練習時都比較著重在上半身，尤其狂練二隻手臂，結果成效始終不好，每次比賽到後期就會感覺肌肉很疲勞、無力，體能不太好。

後來我請在體適能方面很專業的 kenny 教我，我跟他溝通後開始使用彈力球搭配重訓器材一起練，才發現原來自己的腹部力量根本是非常不足的！當然更別說是臀部、大腿後側與外側肌肉了，也是超沒力的！剛開始上課時還會抽筋呢。

經過 kenny 的調整之後，他不但幫我練對肌肉部位、還讓我的身體代謝變強了，連帶的也減短了回復體力的時間！這對我的擊球幫助很大，我想這就是我後來能夠打出好成績的重要原因。

高爾夫球名將 呂文德

林小婷 [我學到的不只是健康和瘦身，還有以前更缺乏的自信！]

12 週的課程結束了！一開始覺得去上課的地方好遠（我從台南搭車上台北）、到底還要上多久？但現在，卻捨不得起來了！～～哈！不過，對我來說這不是結束，而是另一個開始。

過去 kenny 教練從運動開始導入，而我也從一句話都不說，到現在什麼都會跟 kenny 說，我真的很感謝 kenny！他幫助我從運動、飲食、觀念到心態，每一個階段都細心調整，對於他來說，我只不過是一個很普通的學生，我不曉得為什麼他那麼關心我，而越後面的課程也教的更用心、也更精彩，邊上課時也會邊跟我分享他的心路歷程，也幫助我找到我真正的目標是什麼！

其實我覺得信任很重要，因為這是互相感受得到的，每次的挫折在 kenny 的眼裡它就是個成長突破，唯有跨越才能有更漂亮的自己！也使我越來越相信，我自己是真的可以！

林小婷

當最後要離開教室時，我問了 kenny，是不是繼續持續做，我就會變的越來越漂亮？ kenny 說：當然啦！其實不用問也知道，因為我在這 12 週裡學到的不只是身體健康，還有以前更缺乏的自信，所以我也將會持續讓自己變的更好！未來教練如果在台南開課，我也一定要再參加！

每個人的點都不一樣，在我要來參加之前，有朋友會質疑我：值得嗎？因為我深信也知道我自己想要的是什麼，所以我覺得很值得，也得到比我想像的更多！你們看完照片之後，覺得值得嗎？

其實自己試試是最準的！但想變健康漂亮的妞兒，妳確信妳知道自己要的是什麼了嗎？哈哈！～～我真的很開心！未來我也設下另一個里程碑囉！謝謝 kenny！也祝福正在改變的你，我們一起加油！（ ≧▽≦ ）

Kenny 我只教最快樂的瘦身法，再懶的人都想練——
運動超簡單、千萬不要做太久、吃越多瘦越快！

身為健身教練，很多學員看到現在的我，常會跟我抱怨：「教練你又沒胖過，怎麼可能知道減重的困難？」

這絕對是大家的一種誤解！因為過去的我確實發胖過，當時是剛邁入 30 歲的那一年，因為決定離開健身中心、獨當一面自己創業，當時創業壓力很大，整個作息亂掉、再加上為了公司的事情奔忙，常常忽略了規律的運動，也不懂得從飲食來控制調整，所以不知不覺就從 65 公斤一下子胖到了 75 公斤（我 169 公分）。

變胖的過程，自己雖然都有感覺，但還是一邊安慰自己：沒關係！過去維持那麼久的好身材，最近壓力大、稍微胖一點無所謂嘛，之後再一次減回來就好了！等到連旁邊的人都看不下去我的「自我感覺良好」時，我的身材已經很嚴重的變形了。

將近一整年的時間，我不僅整個人肚子變得很大很大、原本有的腹肌也消失了、臉也胖了一圈、身體肌肉線條更是全都鬆垮垮的！

後來，為了回復身材，我憑藉著自己所學的專業知識和技能，從運動方式和飲食調整雙管齊下，才一步步走回到現在的狀態。

在回復身材的過程中，我遭遇到有科學根據的營養學和我們一般日常飲食方式之間的衝突；也發現如果只想單靠勤做運動來減肥，是很困難的一件事；同時也體會到了停滯期的痛苦！更明白為了減重而逼迫自己一定要去運動的那種巨大壓力和不開心！

而身為運動員，我曾經受過運動傷害之苦，所以在教學的過程中，我更重視每個訓練階段的安全性，並且排除一切可能的運動傷害！曾經有許多學員告訴我，他們在其他教練那裡上課，但是身材還

沒練好，膝蓋和腰就已經受傷了！這是非常危險的事！如果教練的專業度不夠，你不光不會有好身材，可能連健康都失去了！

這些所有我自己親身經歷和克服的種種過程，讓我更能清楚的看到每位學員即將經歷的時刻，而能給予大家最即時、最有效的建議，這也是為何完整上完三個月課程的學員，幾乎都能有非常驚人的成效的原因。

而來找我上課的學生中，裡面不乏不管在家裡怎麼嘗試或努力都瘦不下來的人、甚至還有很多人原本是其他健身教練的學生，但一直上課都沒有明顯的效果，最後透過別人介紹才來找上我，也一樣在很短的時間（有些人甚至不用三個月）就能塑造出讓他們非常滿意的成果，這些都不是一個只懂得用健身器材、把自己練出很多大肌肉的教練能夠辦得到的。

我曾經是個柔道國手，每次比賽前為了符合量級，快速減重，而努力增加肌肉量已是家常便飯；而身為男性，早期我也曾經跟其他健身教練一樣，非常迷戀自己身上有明顯的大肌肉、每天勤練6塊肌、8塊肌，所以練成了一個大隻佬！

那個時候，很想証明自己比較優秀，所以一直沈迷在重量、肌肉上的訓練，越做越重、越練肌肉越大，為了追求自我突破，卻忽略了其實運動強度適量就好，直到有一次我跟黑人（陳建州）一起拍照，才發現自己一整個身體大頭小、手臂非常大支，身材過度粗壯，這才驚覺自己已經練過頭了。

所以，現在我知道我們練到了某個階段維持就好，例如：女生有馬甲線是性感，有腹肌就過度了；男人腹肌過大，就搶走了人魚線的性感。

然而，這本書並不只是想告訴你如何在三個月內成功地練出馬甲線或人魚線、成功瘦出漂亮的線條，而是更希望你能從中了解「運動」和「減重」一定是要快樂的、享受的、無壓力的，甚至可以是非常時尚的、帥氣的、美麗的！不需要把自己搞得臭汗淋漓、狼狽不堪。

運動，一定要能跟你的日常生活結合，隨處可以運動、隨時可以來一下，要能真正落實在你我的生活中，這才是最重要的。所以，我在飛機上等降落時可以運動、在美國的中央車站可以運動、在旅館的浴室可以運動……因為只有真正做到方便和簡單，運動才能持續下去、能持續下去才會有效果、

有效果就會不知不覺改變你的生活方式，達到減重和維持身材的目的。

我總是告訴學員們，在輕鬆無負擔的情況下運動，得到美好快樂的運動生活，也同樣會回饋到你的生活和職場中，展現出更有自信、更有活力的自己，帶來美好的人生，這個良性的循環才是我們運動的終極目標。

因此，這本書將從飲食、運動、保健、保養等各方面來切入，除了教你們最有效的課程之外，我也會以10多年的專業身分來教大家認識重要的保健產品和運動、減重之間的關係。這些重要的知識，全都是透過我的親身體驗、國內外受訓上課後，將精髓整理出來，希望能幫助大家瘦得更美、線條更漂亮！

當你讀完這本書時就會發現，不用改變什麼日常飲食也能減重、一天吃六餐更是王道！不用飆汗、操到肌肉痠痛也能瘦身、只要練對位置，就算低運動強度，也能得到最好的效果！找回健康自信，不需要苦行，而是用快樂。

感謝協助這本書出版的所有朋友們、出版社辛苦的編輯們、以及所有支持我的企業、團體，沒有你們的愛護和看好，我今天不會有這個機會出書，分享很棒的知識給讀者。

「馬甲線女神 • 台灣第一美魔女私人教練」
「專門打造馬甲線、人魚線的超級瘦身專家」
「媒體封為小四爺的明星級教練」

林照聖

Chapter 1

Kenny's FAQ 總集

知識 比 行動 更重要！

千萬不要什麼都練

只要搞定 3 個部位

就能又瘦又美、又有馬甲線！

關於「瘦身・保養・馬甲線／人魚線」
你一定要先知道的 36 件事！

根據我 10 幾年的教學經驗，發現大家對於減重和塑身非常有興趣，但相關的觀念和知識卻很不足！所以我常會遇到學員問我：「教練，我每天都運動很久，為什麼還是瘦不下來？」我跟他說：「就是因為你運動太多了。」

「教練，我每天都只吃二餐，為什麼還瘦不下來？」，我說：「就是因為你吃得太少了！」

也有學員很聽話，二天運動一次、一天吃六餐、採取「少澱粉、高蛋白」的飲食規劃，卻還是瘦不下來，這時候，最常見的原因就是「不快樂」！因為不快樂就會有壓力。很多人可能都知道運動、飲食和生活習慣都會影響一個人的胖瘦、身材，但是大家卻忽略「壓力」其實對健康影響更大。

因為當人一旦有壓力而無法釋放時，我們的身體就會自動囤積脂肪。所以，有壓力就會有脂肪，這時候不管如何努力運動、飲食控制得再好，效果都會打折扣，你就很難瘦下來。

所以有時候學員來上課時狀況不太好，我就沒讓他們做什麼事，可能只是聊聊天、做做伸展，讓他們放鬆，但他們最後還是可以按照預定的課程計畫瘦一大圈！

所以，肥胖有很多種原因和來源，如果你根本不知道真正讓你瘦不下來的原因，那再怎麼努力都沒用！還有可能越努力越糟！所以說，「知識比行動更重要、選擇比努力更重要！」這就是我希望大家都能在開始使用這本書、開始做動作之前，很認真地把「FAQ 總集」的問題看清楚、讀懂的原因！

在「FAQ 總集」裡，我會將重要的知識和觀念，以問答的方式一一清楚解說，例如：你們知道其實只要進行 3 個部位的訓練，12 週內就可以瘦一大圈和練出馬甲線嗎？（甚至有很多學員不到 12 週就出現馬甲線和人魚線了）

你們有了明確的目標和知識，就會很願意去做運動！如果你們不懂，那很有可能做到第 8 週遇到停滯期時就放棄了！有更多人是因為不知道自己還得要做多久才會有效果，就乾脆不做了！

就像上班，如果你已經知道自己再做三年就可以退休享清福，那這三年你就會很認真上班，但這是不可能的，所以就常常愈做愈沒鬥志。運動也是一樣的，如果很明確的知道只要 12 週身材就會有驚人的大轉變和大突破！相信每個人都會很認真的堅持練完 12 週課程。

01 這本書和其他 瘦身／健身 書有什麼不同？

A 一般的減肥書都會介紹全身上下做很多動作、使用許多道具、招式一堆，還要你動得汗流浹背很辛苦，常常讓讀者搞得眼花撩亂，練得很累，也就容易半途放棄。

而我的教學很簡單，**只著重在「腰、臀、腿」這3大部位，因為只要這3大部位有改善，體態就會差很多！**而且這些部位的動作很輕鬆又很少，你不但很快會看見自己瘦一圈、曲線腰身會出來，還能讓你快速練出馬甲線和人魚線！

我知道一般人一開始練習時，看到什麼都想練，希望自己肚子能瘦一點、屁股要翹一點、手臂要細一點、胸部要大一點、大腿要更細一點……要求越來越多，看到什麼都想練。

但是，不是練越多部位就越好！我一直強調，不管你做什麼運動、練哪種瘦身操，一定要「練對地方」和「練到位」才有用！

可能有人會問：那我手臂很粗、有蝴蝶袖怎麼辦？

完全不用擔心！瘦手臂不一定要練手臂！

只要照著我教你的從「腰、臀、腿」動起來，你的體脂肪就會跟著下降，手臂就一定會變細！所以你根本不用像別人一樣還要多練手臂的動作。

本書還有一個特點，就是同時針對男生和女生不同的健身目的來設計，有針對男生想要的身材和鍛鍊的部位來教學，也有針對女生想要瘦身、豐胸、提臀……等需求來規劃運動和保養。

很多男生喜歡運動，但是不喜歡飲食控制；女生則是相反，但想要達到健美身材的目的，這二者缺一不可，所以這本書很適合夫妻或情侶相伴一起運動，二個人同時進行時可以互相支持，鼓勵另一半多運動或從飲食控制、營養調配下手，比較能達到加乘的效果。

02 想「瘦身」或「雕塑曲線」，一定要三個月 (12 週) 那麼久嗎？有沒有更快的方式？

A **有，最快是1週！**

1週的瘦身規劃是以飲食排毒為主，就是採用「7日蔬果排毒法」。

像明星藝人要開演唱會或通告需要，或有些人為了參加什麼典禮或重要活動必須要快速瘦身，「7日蔬果排毒法」就會很快見到效果。

目前學員記錄有人一週體脂肪可降5%、體重降3公斤、腰圍少3公分（這個驚人的數字可能是本身宿便太多），這是完全沒有時間做運動的人用的方法，雖然減的速度快，但復胖也快，所以不可當成是正常的減重方式，只能是臨時救急的方法而已。

再來，就是**2週瘦身**。

2週的課程就是飲食控制再加上一些運動，但是教練要先了解學員，幫助學員認識自己的生活狀態，並排出適合的訓練課程後，剩下就靠學員自己運動。

最好也最適合的方式，還是完整12週的減重法。

12週才會是最完整的課程，因為所有的細胞、肌肉都需要大約三個月的時間才會有最明顯、最大的改變，瘦身成效也比較能定型。

之前，有些學員在第6週時體重就減了10公斤、腰圍減少10公分，甚至有些人還練出了馬甲線或人魚線，但這多半是因為一開始比較容易減，會讓人以為6週就可以達成目標了！而且馬甲線和人魚線，還是需要後面6週的練習才會比較定型。

03 對減重和塑身最有效果的運動是什麼？

 是「肌力訓練」，這也是我這本書裡面最主要的教學。

跟一般人常用來瘦身減重的「心肺訓練」（有氧運動）比起來，「心肺訓練」會讓人很喘、流很多汗，一旦肌肉過熱就會想休息，很累但是坦白說效益不大，因此我不是很提倡做大量的有氧。

而「肌力訓練」最大的好處就是可以倍增肌肉比例，肌肉一旦倍增，運動和瘦身效益也會倍增！

例如：有兩個人同時在減肥，一個人身體的肌肉比例是 80%，另一個人是 40%，而在同樣不運動的情況下，兩人同樣走路 1 小時，肌肉比例 80% 的人消耗的熱量就是另一個人的一倍之多！甚至連睡覺時消耗的熱量都會比較快。

所以肌肉比例高的人，不僅不容易胖也更容易瘦，所以長肌肉其實比減肥更難，但也更重要！

但是，如果「肌力訓練」真的這麼有效，為何之前大家比較少提倡這種運動呢？

那是因為我們東方人常認為「肌力訓練」就是在練肌肉、長肌肉，會練出一堆大肌肉，所以認為那是男生想練的，女生練多了就會變成金剛芭比。

但這是錯誤的認知，因為長肌肉並不一定會變壯或變胖，除非你真的練錯了方式或角度！會不會變成金剛芭比，其實是和訓練模式有關，所以一定要注意教練對你的教法是否正確，找到對的教練就很重要。

04 私人教練和去健身房找教練有什麼不同？

 私人教練是源自於國外的概念，因為國外土地遼闊，要去健身房常需要開很久的車，所以興起私人教練到府服務。

而在台灣，有很多人不是不願意運動，而是想到去一趟健身房要花在車程、運動、換衣服等的時間就要耗掉大半天，常在出門那一刻就會猶豫到底要不要去？因而造成很多人容易半途放棄。但如果能夠不出門在家裡運動，花的時間不僅大大節省，而且在自己家裡也比較自在。

再來說到私人教練能到你家專門為你量身打造適合的運動課程，若是去健身房，因為沒有私人教練的規劃，不知道要做什麼，於是通常很多人就選擇去上有氧課程，或上跑步機、划步機走路……那些看起來最簡單的運動。

大家要知道，加入健身房不等於就會運動了、就有運動效果了！如果是在家裡請私人教練量身訂做，以自己的需求去設計，那麼在家裡不用任何器材也能做到想要的方式和效果。事實上，不用任何器材的運動效果是最好的，但也是最難的、不容易做到正確的效果！一定要有專業教練在你身邊隨時幫你調整和糾正，這也只有私人教練才能做得到。

我在為學員做運動規劃時，第一步就是先幫他們建立正確的觀念，例如這一篇的「FAQ 總集」。正確的觀念就是先讓學員知道上課不會太累，但是有明確的目標，並且更了解自己的身體和關於想要瘦身減重、塑形相關對的和錯的事……等等。

就像醫師會先了解病史，我會先了解學員過去的狀況，例如喜不喜歡運動？會不會翹體育課？身體有沒有受過傷？……之類的，有時甚至是心理有創傷，如果學員有心理創傷，我就會告訴他可以如何靠運動發洩。事實上，心理的壓力也是肥胖的主因之一，

所以紓緩學員的情緒有時也能讓瘦身速度更快。

因此，在我的課程裡，紓緩情緒也是很重要的一環！因為一個好的教練就像是好朋友，能夠幫助學員紓緩心理壓力。

第二步就是設定目標，讓學員明確的知道效果。例如前2週都做得好會得到什麼效果？接著第4週、第6週、直到第12週。用三個月來打一個大改造的基礎，因為三個月是細胞改變最大、最明顯的時候。目標設定之後，才是開始幫學員減掉想要減的體重、體脂肪或腰圍，或是塑形。

例如最近有位女學員6週就練出馬甲線，但忽隱忽現，她原本就是比較瘦的體型，但瘦不代表就有線條。我幫她規畫一週2～3次的課程，針對腹部和大腿來設計。

因為她本身不胖，所以在飲食控制方面就比較少，我為她設計了6個動作，她起初也覺得很無聊、覺得光是練這麼簡單輕鬆的動作要哪一年才會有線條出來？！但是我一直鼓勵她持續做這6個動作，效果一定會出來！事實上，果真在第6週時她身上就出現馬甲線了！

輕鬆、有趣、紓壓、驚人的成效，這是我幫學員打造課程的特色和重點！

05 在家裡也能做跟健身房一樣的運動嗎？

A 可以，而且效果不見得比較差。

但最好還是準備最基本的道具：彈力繩和小球(或大球)，因為運用這三項輔助道具的效果最好，而且也比較不容易受傷。例如尾椎不好的人，在大球上做仰臥起坐就會比較舒緩。

彈力繩的變化就更多了，也是我最推薦的一種輔具，方便、有效、又便宜。

像有些角度不用彈力繩會很難運動得到，例如肩膀，我們不可能倒立做伏地挺身，但是有彈力繩就能運動到肩膀，而且強度也可以自由調整。

06 健身房裡的器材一大堆，到底對瘦身、雕塑最有效的是哪一種？

健身房器材有很多種，好的教練會讓你多種嘗試，再找出最適合你的器材和方式。

基本上，健身房的器材可以分成固定式和開放式。開放式器材如滑繩、啞鈴類，這一類效果比較好但容易做錯，初學者如果想要效果好，最好使用固定式的器材，就是一台機器就做一個動作，如腹部訓練機、大腿側抬機、大腿內縮機等，效果好的原因，就是因為它可以固定練到想要練的特定肌肉。

而若以運動課程而言，常見的是做有氧運動，如有氧課程、飛輪、瑜伽、皮拉提斯等，但是很容易疲累，而且坦白說瘦身效果不是很明顯。

但無論哪種，這些都是很耗體力但效果卻不是最好的運動方式，最好的還是要用肌力訓練的器材。如果你希望效果好，真的要請教練設計一套專屬個人的肌力訓練課程。

肌力訓練課程可以幫助我們肌肉倍增，肌肉倍增後熱量燃燒速度才會倍增、代謝才會加快，所以效果會最好。

07 我每天都運動，但基礎代謝率還是很低，要怎樣提升代謝率？

A 通常基礎代謝率低是因為「肌力訓練」做得不夠，這時候要檢視一下自己的運動組合。

如果平常運動太偏有氧運動，那只會消耗熱量、體力，卻沒辦法增加肌肉量，當你的肌肉量增加後，代謝率才會變高，而增加肌肉量就一定要靠「肌力訓練」，所以我會建議你調整一下你的運動組合。

例如平常 1 小時的運動中，有 30 分鐘是有氧運動、30 分鐘是肌力訓練，此時可以調整成 20 分鐘有氧運動、40 分鐘肌力訓練，這樣不到三個月的時間，你的基礎代謝率一定會增加。

08 減肥時，該有的正確知識和態度是什麼？

A 就減肥而言，正確的方式應該是 50% 靠飲食控制、30% 靠生活習慣改變、20% 靠運動。

運動是花最少的時間但效益最大的！例如 2 天運動一次，一次 1 小時，在生活中只佔了 4%，但效果卻是最大的，但很多人不願意運動的主因是不了解，所以覺得運動很累、很麻煩，或是很慢才會看到效果。

就像吃飯是每天都要做的事，所以我們會花一半的時間在思考要吃什麼？哪些能吃？哪些不能吃？或是想一些偏方例如埋線、穿塑身衣……等，既然花費這麼多時間在思考飲食的部分，那何不用 4% 的時間去運動呢？

我一再強調：運動是花最少的時間，但效益最大的方式。試試看，你會有意想不到的收穫！

09 減肥時最容易犯的錯誤是什麼？

A 節食，就是大家最容易犯的錯誤。

大家都相信少吃多動，但事實上，減肥過程的飲食只是需要透過選擇、吃對的食物，但是千萬不能挨餓！

有上過我課程的學員就知道，我不僅會嚴禁節食，還鼓勵大家一天至少吃 6 餐！不但照樣能瘦，而且瘦得更快！

10 肥胖和瘦身方式，有分類型嗎？

 我通常把「肥胖」以**易胖型**、**易瘦型**及**男性**、**女性**這 4 種來交叉分類。

就像我們知道肌肉有記憶性，脂肪也有記憶性，所以一般而言，**男性**是因為平常不太進行減肥，所以一旦開始減肥，速度都較快；而**女性**則是因為時常在減肥，所以每次要開始減肥時，身體脂肪細胞就會說：「別來這一套，我知道妳要減肥、我知道妳要開始攻擊我。」脂肪細胞會因此越來越適應和抗拒妳的減肥行動，也因此女性比較難瘦下來。

其次，男女天生結構不同，男性肌肉比率比較高，且有睪丸可以幫助連接蛋白質；女性天生脂肪比率比較高，這是因為要懷孕生小孩的緣故。

至於**易胖型**的人，常見是「怎麼吃都胖、連呼吸都會胖」的人，但這可能不只是體質問題，有更多是壓力的問題。所以有時候只要能舒緩情緒，就可以逐漸瘦下來，而主要的三個方式就是：運動、聊天、和寫日記。

例如上班族常常覺得事情好多，但如果列出清單，就會發現只有三、四件事情比較重要，其餘都是雜事可以先拋在一邊，但往往我們總是先去做比較簡單的雜事，難做的正事卻一直壓在後面，久了就會覺得很有壓力。這種類型的肥胖只要把壓力舒緩出來，身體機能一旦恢復正常，自然就會瘦了。

至於**易瘦型**則和腸道有關。一般而言，腸道不健康時會產生兩種狀況：一是易有宿便，二是營養不容易吸收。

因為腸道長期下來絨毛容易卡住穢物，卡住久了會導致絨毛受損而喪失功能，所以像是**易瘦型**者就會產生宿便，宿便愈多，體內就會毒素愈高，就像是廚餘餿水裝在桶子裡，打開蓋子不是都會有很臭的異味，長期有宿便就像是餿水放在身體裡，那些不好的氣體都是帶有細菌的物質發酵出來的味道，腸道塞住這些物質和吸收這些氣體，就成了「慢性自體中毒」，我們人體就容易產生病變。

因此，只要腸道健康就不容易有宿便，自然就會瘦；而腸道健康、絨毛健康後，也才能吸收到正確的營養素，營養有足夠的吸收，肌肉就會長得比較多，也就不容易肥胖了。

而常見的**易瘦型**是四肢瘦，但是肚子胖，這就是營養不容易吸收所致，所以會愈來愈瘦，肌肉也容易流失。因此，**易瘦型**首要之務就是清腸道，而恢復腸道健康的方法首先就是蔬果排毒法，這是以最天然的方式清腸道；再者就是用營養品排毒，例如酵素、纖維粉等。由於纖維不會被人體吸收，所以能清腸道。這兩種方式學員可以自由選擇，因為有些人實在沒辦法改變飲食習慣，那就只能使用營養品排毒。（後面我都會教大家）

易瘦型在減肥時要注意盡量少吃澱粉，最多也只能吃一些白飯；此外，吃飯時也要依照蔬菜、蛋白質、澱粉的順序來控制，才能達到比較好的效果。

若能適時加入一些營養品，就更容易達到目標，因為人一旦開始改變行為模式，身體就會有些情緒，這時如果補充一些 B 群，就可以鎮定情緒，比較容易達到目標。

11 　最難瘦下來的是什麼類型？

❶ 年紀愈大愈難減。
❷ 生過小孩者。
❸ 更年期。
❹ 常常在減肥、每週不間斷者。

12 　最強的燃燒脂肪的方法。

最強的方法是：肌力訓練和有氧運動交叉的運動組合，再加上低 GI 飲食。

13 　減肥時，一般人最容易犯的 5 種錯誤？導致越減越肥、越減越不健康！

一、**溜溜球節食**：就是反覆節食。
二、**墮落性節食**：指激烈的卡路里節食。
三、**久坐的生活模式**：即運動量過少。
四、**吃垃圾食物**：吃太多加工食品。
五、**慢性的長期壓力**：身體、心理的壓力都處於警戒狀態。

14 　提高熱量代謝的最好方法和食物。

提高熱量代謝的最好方法還是「肌力訓練」。若是在食物方面，也是低 GI 飲食，例如香蕉的效果就相當不錯。

但是吃香蕉要選擇還沒過熟長黑斑的、略帶綠皮的香蕉，這樣才有效果。另一種食物就是奇異果，如果能連皮一起吃效果會更好；不加糖的檸檬汁也很好，但是要留意太濃會傷胃，溫和的方式是一大早先喝一杯溫的檸檬水，只要低幾滴鮮檸檬汁即可，不要太急躁，先讓身體適應就好。

在肉類上，白肉是首選，因為紅肉偏酸性，例如雞、鴨、海鮮，這些優質蛋白質可以幫助肌肉增長，就會提高代謝力。

15 　基礎代謝提高了，是不是就不會長脂肪？

只能說比較不容易，但還是會！就好像搬家工人代謝率通常都很高，但還是有很多搬家工人都有個大肚子，因為脂肪的堆積是有許多不同的因素：

一、壓力問題：因為遇到壓力時身體會產生壓力賀爾蒙，即所謂皮脂醇，會使血糖及血壓升高、削弱免疫反應。
二、飲食問題：如果你常吃高升糖的食物，也容易造成脂肪的堆積；如果蛋白質補充不足，也會造成肌肉的流失。
三、生活作息的問題：晚睡會影響肝的解毒功能，而影響代謝。

16 　快速降體脂的飲食和運動方式？

A 飲食方式是：80% 吃低 GI 飲食，20% 隨便你吃。

　　你需要規劃自己每週的飲食計畫，例如，星期一到五都遵循低 GI 飲食計劃，不吃加工食品、少吃精緻澱粉、不吃零食、不喝含糖飲料，而六、日則是你的「解放日」，你想要吃 PIZZA、炸雞、珍珠奶茶……都行、都在這兩天裡面破戒。

當然，如果你想要效果好一點，「解放日」也可以只有一天，但是一定要有「解放日」喔！為什麼呢？因為這樣你才能感覺有舒緩減肥的壓力、才能把減肥這件事融入你的日常生活中，也才更能持續下去。

運動方式是：除了肌力訓練外，另外也以可進行間歇運動。

所謂間歇運動，就是肌力訓練與有氧運動交替做。間歇運動的優點是會引起腦中副交感神經的錯亂，讓運動效果比較好。回憶一下當你在跑 5000 公尺時，是不是剛開始的前 2、3 分鐘非常喘，但慢慢地就會開始習慣，這是因為人體會自動開啟保護機制；但若是跑 200 公尺後走 200 公尺，你反而會發現自己持續在喘，這就是因為身體保護機制被引導錯亂而沒辦法真正的休息。

所以，當你持續同樣的動作很久，反而沒辦法達到最好的運動效果，當你想快速降低體脂時，肌力與有氧的交互穿插，就是最快的方式！

17 　請問，我的體脂肪降了，但體重卻一直上升，這是怎麼回事？

A 通常體重上升有兩個原因：一、增加肌肉量了；二、你有宿便。

　　肌肉比脂肪重，因為肌肉會鎖住水分，所以你的肌肉比例越高，體重就會越重，體重一直上升代表的是，肌肉應該是增加的，所以如果你去量體脂機，代謝率有增加的話，那恭喜，你的肌肉量增加了！這反而是好事，而不是你發胖了。

如果你的代謝率並沒有增加，代表你是有宿便的，所以你就要清宿便，建議你用我後面教的「7 日蔬果排毒法」來改善。

18 　什麼食物和生活習慣對增長肌肉最有傷害？

A 高 GI 飲食的傷害最大。

　　所謂高 GI 飲食就是加工食品，例如麵、麵包都是加工食物。

而在生活習慣中，則是晚睡的傷害最大。因為晚睡會導致肝功能變差，一次熬夜身體機能大概會老 20 歲，也因此會導致肌肉流失，因此最好能能在晚上 11 ～ 1 點之前睡覺。

19 為什麼不管怎麼少吃還是很胖？

A 很正常。

吃愈少愈會胖是因為肌肉需要養分，但你吃不夠身體就無法養住肌肉，身體的機能是每3個小時內如果不吃一餐就會餓到，身體就會長脂肪，所以愈不吃東西，身體就越會變成脂肪儲存模式。

如果你是因為不餓才不吃，那是因為你代謝慢或是代謝低，也代表容易長脂肪，所以即使不餓也要吃，不然就會長脂肪。

在每3小時內要吃一餐的基礎下，一天大約要吃6～8餐。因為肌肉愈來愈多，食物的需求也就愈來愈多，才能養肌肉。

6～8餐可區分成大餐和小餐，正常三餐量（大餐）可以比較多，中間穿插的點心（小餐）可以少，但如果正餐吃得不夠時，中間的點心就要想辦法補足。

例如一位體重約50公斤的女性，一餐的蛋白質需求大約是一條魚、一顆蛋、一塊豆腐，若是換成肉，大約是一個巴掌大、一副撲克牌的厚度。若換算成重量，女性一餐約要攝取100～170公克，男性約170～220公克的蛋白質。所以實際上在吃飯時，女性約一條魚、一顆蛋就可以達到攝取量，男性則要兩倍，但如果女性體重接近男性時，蛋白質攝取量也要參考男性。

光看蛋白質量似乎還好，但因為還要加上蔬菜、澱粉等，所以其實很難達到。因此，點心就是要用來補正餐的不足。

初期可以先從簡單的開始，例如點心是一顆茶葉蛋、一根香蕉、一片蘋果等，先養成時間一到，胃就開始蠕動的習慣，就會增加代謝。當然點心要以蔬果類、蛋白質為主。

20 為什麼練不出馬甲線？

A 最主要的原因就是大家都想「一魚三吃」，就是：練胸部的時候也想同時練手臂、練腹部的時候，也想練臀部。

例如，我問學員：「要怎麼練胸部？」很多人都會回答：「做伏地挺身」，我會再問：「那做伏地挺身時，是胸部痠還是手臂痠？」很多人都說是手臂痠，這時我再問一次胸部到底怎麼練？很多人就開始產生疑問了。

事實上，做伏地挺身沒有錯，只是角度的問題。常見的仰臥起坐也是一個例子，很多人都覺得大腿很痠而不是肚子痠，就是角度問題。

所以練不出馬甲線，第一個就是姿勢角度有問題！其次是沒有專注在要練的部位。還有最後一點、一直想要變化動作，也會分散注意力而練不出馬甲線。

例如馬甲線，正常先從肚子、大腿、屁股三部位來練，不要貪心，但很多人就會想到也要練小腿、手臂，就會分散注意力，而沒辦法專注在要練的動作上。

男生的腹肌和人魚線也一樣，只是男性練習時是聚焦在腹部、背部、大腿。

21 要做什麼運動，才能像馬甲線女神一樣練出漂亮線條？

A 基本上，肌力訓練佔 70%，有氧運動佔 30%。

為什麼要先做肌力訓練？這是因為肌力訓練可以增加妳身體的肌肉量，肌肉增加之後再做有氧運動的效益才會比較大！例如 Kenny 身體的肌肉量佔比約 60%，Stacy 的肌肉量是 30%，我的肌肉量是 Stacy 的 2 倍，所以我做有氧運動的熱量消耗速度也是她的 2 倍！這也就是為什麼肌肉量越高，代謝也就越快。

22 要練出幾塊腹肌，是可以控制和調整的嗎？

A 不行。

每個人天生構造不同，有人就是六塊肌，有人天生就是八塊，當然也不是每個人都需要練出腹肌，例如：女生可以練馬甲線，就是可以看到「11」兩條線的樣子，但如果練得過頭了，就會出現一塊塊的腹肌，這樣就會像金剛芭比。

所以，我們無法控制練出幾塊腹肌，但是我們可以控制和調整線條的明顯度。

男生練人魚線也是相同的道理，如果有人魚線再加上一些輕微的腹肌線條就會很好看，但如果練得太過深、太過頭的腹肌也不見得好看。

23 如何知道自己遇到停滯期？遇到之後該怎麼辦？

A 所謂的停滯期，是指很認真運動與執行飲食控制，但仍連續 4 週體脂肪、體重、腰圍都沒有改變的情形，沒有變差、也沒有變好，這時候就是停滯期了！所以如果你有變胖，就不算是進入停滯期。通常在我們瘦身課程的第 8 週會遇到。

停滯期的改善方法大致上有四種可以搭配使用：蔬果排毒、增加運動強度、改變運動方式、使用營養補充品。

但是這四種方法都還是要視個人情況而定，例如：有人已經很頻繁運動了，那增加強度就沒有什麼效果；而如果你平時就有在吃大量蔬菜了，那蔬果排毒對你也不會很有效。

而平時已有在吃營養補充品者，也不用再增加；但如果平常沒在服用的人，加入營養補充品就可以幫助突破停滯期，所以這四種方式可以視自己缺少的部分交替使用。

24 kenny「吃越多瘦越多」的飲食計畫很不可思議?!

A 我設計的飲食計畫是運用最新的餐盤理論。在這個理論中，食物分成蛋白質、水果、蔬菜、穀類四大項，每一項都要平均攝取。但蔬菜和蛋白質的攝取量愈多愈好，雖然很多人認為攝取太多會有熱量過高的問題，但實際上，吃到好的、對的東西是愈多愈好，並不需要擔心過量。

> 真的沒騙你們，我什麼都吃！

例如每一餐的蛋白質攝取量，以肉類為例，女性要吃一個手掌大、一副撲克牌厚度的肉，或是 4～6 顆蛋，但事實上，許多人一天也吃不到這麼多的量，所以很難做到。再加上醫學界認為，蛋白質攝取過多會導致血液濃稠、膽固醇過高的問題，但若是之前先吃大量蔬菜，在胃中形成纖維網隔絕不好的物質，就能均衡。所以一天要盡可能吃到十種蔬菜，透過不同的植物酵素混合，能幫助腸道蠕動正常並有清腸道的作用。

有些人聽到一天吃十種蔬菜感覺很難達到，但如果一餐能吃到二種不同的蔬菜、一天三餐下來就有六種，也是很不錯的。因此，攝取大量蛋白質是不會有問題的！除非沒有吃足夠的蔬菜或喝足夠的水。

有人會問，市面上有許多菜餚是混合型的，也就是肉類與蔬菜一起拌炒，這種蔬菜基本上也是算在內的，而這種混炒的菜餚，也不要太在意油脂，因為首先要願意去吃。

關於飲食計畫，我主張滿分 100 分我們只要做到 60分即可，不要過度給自己壓力，這樣才能長久做下去，甚至持續一輩子。

我自己也曾經嘗試著做到滿分，例如吃自助餐時，去 7-11 拿白開水來，每一口都先過水一下，吃的時候自己也覺得怪怪的，旁邊的人也會覺得很奇怪；所以，原則上是可以做長久的才做，如果太過極端導致持續不下去之後立刻變胖，這樣更不好！

像有時候晚上想吃醃漬品，大家都知道醃漬品含鈉過高對腎不好，但是前提是要先確認自己的目標。如果目標是增加代謝，那就是要吃，所以剛開始口味重一點沒有關係，只要先做到能吃。當口胃打開、願意吃的時候，這才進入第二階段：口味盡量清淡。

每件事情都是有步驟階段的，大家覺得我的飲食計畫不太可能成功，是因為迷思在理論上，卻忘記理論要有步驟。

所以，我的飲食計畫不僅可行，而且還很成功！我非常多的學員，就是照這個方法越吃越瘦的！

而這套飲食計畫之所以可行，是因為我會讓學員知道第一階段是在增加代謝，代謝要快才會容易瘦，等我們開始變瘦並且比較有成就感時，再進入第二階段：不吃重口味。這樣學員才會接受，因為事實上是看得到成績的。

25　運動後怎麼吃，才能長肌肉？

 許多人都會問，運動後東西吃是不是比較容易變胖？事實上，運動後吃東西，是肌肉在吸收，所以要多吃一些蛋白質，才會長到肌肉。

優質的蛋白質是首選，如蛋、豆漿等。牛奶、乳製品等比較不適合，因為這些其實是常見的過敏源。

運動後補充優質蛋白質時，基本上沒有限制食量，但如果選擇喝高蛋白飲品時，要同時補充 B 群，因為 B 群如果不足時，會使很多養分無法被人體吸收。許多營養補充品都有這個問題，裡面如果 B 群含量不足，就會導致吸收不佳，就會變成腎臟負擔。

另外，空腹運動是不好的，一方面容易傷胃；一方面是肌肉會因此流失變成養分，所以運動前建議以水果代餐，可攝取到水果的纖維、果糖。例如香蕉、蘋果、梨子等都是不錯的選擇。

26　當我們嘴饞很想要吃會發胖的食物時，怎麼辦？

 定時定量吃東西就不容易有這個問題，如果一天吃 6 ～ 8 餐，每餐都吃健康食物，基本上是不會肚子餓的，自然也不會想要吃零食。

但如果真的是嘴饞想吃零食時，那就吃吧！因為不吃會造成心理壓力。但吃的時候有個小技巧可以幫助你：不要一下子猛吃，吃幾口後想一想，自己究竟是不是真的需要吃它？

有時候只是嘴巴饞，甚至有時候是大家都在吃所以你想吃。例如上班族下午時大家說要去買咖啡或叫飲料，大家都買的時候自己不買好像很奇怪，買了之後還是可以喝，但喝一、兩口後，先放在旁邊想一下自己到底需不需要喝？其實通常都是因為習慣，而不是真的想喝。

當然，如果真的真的很想吃，那一週裡面可以規劃一天為「破戒日」，想怎麼吃都行，這就是舒壓的方法。其實只要有規劃「破戒日」，心理就清楚哪天可以吃零食，這樣反而不會時時刻刻都想吃。

27　大吃大喝之後，該怎麼補救？

 最簡單的補救法，就是吃完後喝酵素或是立刻去運動。

28 「澱粉三寶」、「減肥三寶」到底是什麼？

A 所謂「澱粉三寶」都是屬於營養補充品，用以輔助瘦身，但並不是單吃這些產品就會瘦，主要是用來幫助改變生活習慣的。

白腎豆：降低對澱粉的渴望，並將吃進體內的 25% 澱粉轉變成能量。你一樣還是會去吃澱粉，只是可能不會想吃很多。

藤黃果：降低對甜食的渴望，並將吃進體內的 25% 脂肪轉化為能量。吃了藤黃果一樣還是會去吃甜食，只是吃的時候會覺得比較不甜、比較不美味，就會降低想吃完的慾望。

熱鉻：增加代謝，將身體能量盡量轉化到肌肉，同時會提神。精神一好就會想去運動，也就不會懶洋洋的。

但是這三種營養補充品只是幫助我們改變生活習慣，如果沒有意願改變，吃再多也還是不會瘦的。

至於「減肥三寶」，是指 B 群、消化酵素及巴西莓。

B 群：增加代謝，代謝快，身體就會瘦。

消化酵素：幫助腸道蠕動快，減少宿便問題。

巴西莓：含胺基酸成分，可以幫助肌肉合成，容易長肌肉。

這些市面上都有販售，使用錠劑就會比較方便。但錠劑一般而言要 40 分鐘到 4 小時才能吸收，而且要吃高單位的，因為錠劑的吸收率只有 20%，也因此新式營養品多是飲品，吸收效果比較快。

29 肌肉為什麼會減少（流失）？

A 節食就會導致肌肉流失。

節食時，我們身體就會從肌肉取得能量，致使肌肉量減少，進而導致代謝下降，這就是「肌肉決定代謝」的意思。另一個導致肌肉流失的主因，則是年齡。年紀愈大，肌肉流失的速度就愈快。當然最後一個原因，就是運動不足。

事實上，我們人體每天都在進行肌肉合成與肌肉流失，運動時肌肉合成會倍增，這就是一定要運動的原因。

肌肉量不足也會造成骨質疏鬆現象，因為肌肉是附著在骨頭上，不運動就容易骨質疏鬆，骨質疏鬆就容易發胖，這就是為何有些女性肥胖的原因是鈣不足。

30 運動強度越強越好？

A **完全錯誤！**應該是要找到適合自己的運動強度。

而且，運動強度過高或運動過度反而容易老化，因為自由基過高所致。正確的運動強度，應該是運動後覺得身體舒暢、精神好，若是感覺精疲力盡就是運動過頭了。

31 每天運動多久就夠了？

 最好是每天運動 1～2 小時，這個時間主要也包括了暖身和伸展。一般而言，運動前的伸展大約要 10 分鐘，運動後的伸展也大概要 15 分鐘。

但對每個人而言，運動的定義大不相同，例如沒有運動習慣的人，散步、快走就可以算是運動。因此對初級者來說，原本沒有運動習慣的人，初期只要每天能散步 20 分鐘就好，身體就會開始有點累。

進入第二階段後就可以開始做 10～20 分鐘的簡單小跑步，讓自己有點小喘即可。第三階段才會做肌力訓練，但也是做的過程肌肉有點痠即可。

32 如果時間長度一樣的話，一天做多次運動，和運動一次做完，有什麼差別？

A 這二者的差別很大！

一天內做多次的短時間運動，可以讓你的肌肉有充足的休息時間，這樣肌肉產生的力量也會比較有效益、關節比較不容易損傷，所以肌肉的增長會比較好。

而一次做足長時間的運動，就有點過度了！肌肉不僅容易疲勞，也會產生過多的自由基，人容易老化，關節也容易受傷，所以千萬不要運動太久。

33 每一組動作之間要休息多久才好？

 理論上是 30 秒~3 分鐘。運動強度低、做起來輕鬆時，休息時間較比較短；運動強度高、做起來吃力，休息時間可以比較長，但也要視氣候和室內溫度而定，因為不能讓肌肉冷卻掉。

事實上，在運動過程中，大約有一半的時間是在休息，因為休息的過程才會使肌肉能量再生，才有正確的力量去做下一組動作。例如跑 400 公尺時，前面 100 公尺可能跑 20 秒，但後面 300 公尺的時間可能是倍增，因為肌肉力量會下滑，所以運動過程中需要休息，因為肌肉需要時間才能再生力量。

34 運動速度要快還是慢才好？

 運動速度愈慢愈吃力。但通常在安排運動時，首先會請學員以平常速度運動，一段時間後會減慢，再過一段時間後會快、慢搭配。

這樣安排的理由是希望肌肉不要有記憶性。事實上，運動速度太快常會是用到慣性原理，所謂的慣性原理，例如我們提一個包包，用甩的感覺很輕鬆，但用提的就會比較吃力，所以像跑步、有氧運動常是慣性原理，會比較輕鬆，而肌力訓練就是一個一個慢慢做，這也是為何我很推薦肌力運動，因為肌力訓練的效果比較好。

35 有流汗才代表運動有效果嗎？

 不是。

流汗當然很好，因為它可以排出一些毒素，但它不是運動的唯一指標，所以有成效的運動不見得要非要流汗。

真正評估運動效果，應該要看三個指標：

第一，暖身運動：體溫有沒有上升？就是身體有沒有熱起來；第二，心肺訓練：會不會有點小喘？但也不要喘過頭；第三，肌力訓練：運動過程肌肉會不會有點痠？

上面這些檢視的項目，就是運動達到成效的指標。

36 停止運動後身體會變怎樣？

 有些人會問，我現在已經練出線條了，那是不是永遠不能停止？一個月不運動肌肉就會垮掉？是不是三個月不運動就會復胖？

說真的，就算不運動也不會發生。若以 12 週練成馬甲線來看，是可以恢復三餐正常飲食，運動也可以選擇輕度散散步即可。但事實上，12 週能練出身材的人，都會持續做下去，因為不想變回以前的樣子，而且這已經成為習慣了。

為什麼我要把減重瘦身和塑形（練出馬甲線、人魚線）的過程，分成 1 週、2 週，和 12 週這 3 種呢？它們的差別到底是什麼？

簡單來說，就像前面「FAQ 總集」裡面說的：1 週的課程不做運動，只做蔬果排毒。它是最快速的救急瘦身法，雖然瘦得快，但是復胖也快，不能當成正常的瘦身方式。

而 1 週的「7 日蔬果排毒」除了用來救急瘦身，還可以在減肥遇到「停滯期」時使用，或是每隔一段時間想排毒清腸道也可以用。

而 2 週就是飲食控制再加上一些運動，12 週就是完整的課程了，也是肌肉和線條塑形、定型最好的時間長度。

下面我會就這 3 種不同週數課程的重點分別說明清楚，讓你們在翻到後面開始做運動時，能有更清楚的概念，這樣如果你們沒有來教室上課而是在家裡自己練習時，也能很清楚的選擇你所需要練的動作、以及正確的做好飲食控制。

1 週課程 7 日蔬果排毒：神奇的救急減肥法、幫你調整體質！

這 1 週的課程主要就是幫你徹底清潔腸道、調整體質、加強代謝。

當蛋白質在人體中進行消化時，對於腸道的負擔是很重的，經年累月下來很容易堆積廢物而導致腸道不健康，進而使得營養吸收不足、甚至累積毒素在體內，導致我們肥胖又不健康！因此每隔一段時間最好能實行排毒、清潔腸道一下，也比較容易瘦身。

「7 日蔬果排毒」顧名思義就是以蔬菜和水果為主的排毒方式，而且一天要吃 6 ～ 8 餐，其中蔬菜不分種類，可以大量且多樣化的攝取，但水果還是要控制一天三份為限（一份約一個拳頭大小），

因為水果中含有果醣，適量即可，重點是千萬不要讓自己餓到！所以在執行「7 日蔬果排毒」期間，大約每 2 ～ 3 小時就要吃一餐，以正餐和點心穿插的方式安排：正餐量多、點心量少。

在這 7 日內，要避免吃對腸道有負擔的食物，包括蛋白質、油脂、澱粉、乳製品……等等，而且絕對不能喝咖啡、可樂和茶！若真的要喝，只能選擇花茶等低咖啡因的飲料，並且喝大量的水和充足的睡眠。

如果忍不住想要攝取蛋白質，則要選擇好消化的，而且最好要拉長蛋白質攝取的間隔時間，例如早上吃了蛋白質，中午就不要吃，晚上可以再吃一些，這樣才能讓腸道有修復的時間。

而且切記，千萬不要吃澱粉類食物。像地瓜、馬鈴薯、玉米、芋頭……都是屬於要避免的富含澱粉類的食物，而不是可以大量吃的蔬菜。

此外，「7 日蔬果排毒」期間多數人會感覺身體比較虛弱，因此要適時補充一些營養品，例如正餐時可以補充酵素、蘆薈汁。蘆薈汁最好選擇去除蘆薈素、大黃素的，因為蘆薈素和大黃素是造成體質寒性的原因。

喝蘆薈汁的原因是有些人平常很少吃蔬菜，一下子吃了大量蔬菜後，較粗的纖維質會讓他覺得刮胃，這時候就可以喝蘆薈汁紓緩不適。

至於點心時間則可以補充纖維粉，以增加飽足感，並持續以足夠的纖維進行清理腸道的動作。但纖維粉不可在正餐時間補充，以避免過多的纖維帶走營養素。

此外，我們都知道肝臟是用來排毒解毒的，如果肝臟不好，自然排毒效果就會不佳，代謝就會變慢，因此這段時間可以在早晚吃一、二顆保肝營養品，最好是含有朝鮮薊（Alcachofra）成分的。當然你也可以選擇多吃新鮮的朝鮮薊，但若是不會料理也不喜歡草味太重的人，就吃保健食品比較方便。（但如果你是晚上 11 點左右就會就寢的人，基本上是不需要額外使用保肝品的。）

重要！ 「7 日蔬果排毒非看不可：」

01　大多數人都適合進行「7 日蔬果排毒」，但如果本身有免疫系統的問題，或是心臟開過刀，則最好諮詢醫師之後再執行；若是重感冒，或是預知排毒期間的工作量會加倍、或是需要大量勞動力的人，就應該避免進行「7 日蔬果排毒」，等身體恢復正常時再開始。

02　在「7 日蔬果排毒」期間多少都會有些不舒服，一般而言，第一、二天是最明顯的，人會變得容易暴躁、噁心、想吐、頭暈、不舒服、脾氣差，這都是因為飲食中少了蛋白質和澱粉時體內的不平衡反應，但是通常過了前二天，接下來就會開始感覺精神狀況良好，不會再每天昏昏沉沉，或是脾氣暴躁了。

03　排毒期間最好避免進行劇烈的運動，即使平常都有持續運動的人也要暫停，頂多就是散散步。

04　如果在「7 日蔬果排毒」過程中覺得很疲倦、四肢無力時，還是可以稍微攝取一些好消化的蛋白質，例如魚肉、豆腐、蛋之類的。但如果到了第三、四天還是覺得很不舒服，那就最好恢復正常飲食，不要堅持一定要做完 7 天。

「7日蔬果排毒」是一種短時間能有顯著效果的瘦身法，如果你1週後有重要場合需要展現好身材時，但平常沒有好好鍛鍊，這時候就可以靠「7日蔬果排毒」來緊急處理。但要很清楚這只是救急的方法，不能當成常態，所以7日就是7日，不要想說中間有幾天沒有做確實所以自己延長幾天！更不可以覺得效果很好就無限制一直延長！也不可以常常實施「7日蔬果排毒」，建議頂多3個月、甚至半年再實施一次即可。

在進行「7日蔬果排毒」時，如果吃外面自助餐買的蔬菜，有跟肉絲拌炒沒關係，不要吃肉就好了；如果你在家自己煮整鍋蔬菜湯，有加調味粉或肉類提味，也沒關係，不要吃肉和其他非蔬果類的配料即可，湯還是可以喝。

注意！「7日蔬果排毒」強調可以吃大量且多樣的蔬菜和不超過三份的水果，但不是所有的蔬菜和水果都可以吃，最好上網查「低GI食物表」，找到蔬菜和水果類，先排除高GI的，再排除掉含澱粉的，其他的才可以吃。例如：山藥、紅蘿蔔、南瓜、鳳梨、玉米同樣列在高GI食物中，就不要吃；而地瓜雖然是低GI，但是因為富含澱粉，因此也不要在「7日蔬果排毒」期間吃。

只要7天，乾淨清毒瘦一身！

結束「7日蔬果排毒」後，接下來就可以恢復蛋白質的攝取了，先從好消化的優質蛋白質開始，如海鮮、白肉等。如果是想減肥的人，一樣先不要立刻攝取澱粉。此外，原本暫停的運動也可以恢復正常。

「7日蔬果排毒」對於容易堆積宿便的人最有效，我的學員裡面就有人執行完「7日蔬果排毒」之後瘦了3公斤！他就是因為腸道不乾淨而影響了身體。

由於「7日蔬果排毒」是一種短時間調整體質的飲食方式，大多數人都能因此得到改善，但有三種人比較不會有明顯的改善：

1. 平常就已經吃得很清淡、吃很多蔬食的人。2. 平時就有在照顧身體、腸道的人。3. 平時就吃不胖的人。這三種人都不會有太明顯的身材變化。

但不管如何，我們透過這種方式排毒，還是可以增強腸道的營養吸收力、改善面色蠟黃、氣色不佳的問題。這個方法基本上是自然健康的去調整體質，而非以吃藥、醫療行為去改變，是比較健康

的做法，也最不傷身體。

要使排毒效果好，切記攝取的蔬菜種類要愈多愈好、每天至少喝水2000cc、每天的第一杯水也可以喝有加入檸檬汁的溫開水，促進膽汁分泌、幫助肝臟代謝及排毒，相信7天後，你會有很不一樣的改變和突破！

2 週課程：快速改善氣色差、虎背熊腰！

所謂 2 週的課程，就是第 1 週實施上面的「7日蔬果排毒」+ 第 2 週開始增加蛋白質和大量的運動。白天有運動的時候可以吃一些白飯，但還是要避免精緻澱粉製品。

2 週的課程主要是針對一方面想要快速瘦身、同時也想要身材線條更明顯的人。比起 1 週的純粹減重瘦身，2 週課程不僅有瘦身，更有運動訓練，效果當然比 1 週來得更好，尤其對長期精神差、氣色不佳、姿勢不良、有虎背熊腰狀況的人效果更好！可以快速改善，立刻就能看到不一樣的改變、線條也會更明顯！

14 天快速瘦身、練出好線條！

不同於「黃金 12 週」的完整瘦身、塑身計畫，為了快速打造線條，在第 2 週時我會採取密集的、速效的「6 天運動訓練」。

這 6 天的運動規劃是：第一天做有氧運動 + 上半身肌力訓練、第二天做有氧運動 + 下半身肌力訓練、第三天只做有氧運動。這樣的規劃循環二次，就是 6 天的運動內容。

第一天的上半身肌力訓練以手、背、胸部為主，第二天的下半身肌力訓練則以腰、臀、腿三個部位為主。第三天做有氧運動，或改為強度較弱的全身性運動，例如瑜伽、游泳等。

而全部運動包含伸展、有氧運動和肌力訓練在內，每天運動時間都以 2 小時為限。無論是上健身房或是在家用彈力繩運動，都可以依照這個規劃進行。

但是，就如同 1 週的瘦身計畫一樣，2 週雖然也快速有效，但復胖也快，也只能算是救急用的，因此我並不會在這本書裡教大家如何做 2 週的運動。

這本書和 DVD 所要教你們的，還是以最好的、最能持久、線條最漂亮的「黃金 12 週」完整課程，來讓你們達到減重瘦身和塑形的目的，一來不容易傷身、二來身材會瘦得最漂亮和最健康！而且漂亮的線條也會一直維持下去，不容易復胖。

2 週課程非看不可：

01　一般而言，二週課程之後，身體就能明顯緊實並看得出線條了，但是因為第 2 週是採密集大量的運動，所以容易精神不濟、特別疲勞，這時候就可以適時補充支鏈胺基酸、B 群等營養品，幫助恢復體力。但若是真的很疲倦時，一定要降低運動強度和時間，千萬不要硬撐！

02　運動強度與時間不需要訂的很嚴格，有突破過去的運動習慣即可，若是超過負荷太多會讓自己有壓力而無法有效減重；飲食也是同樣的道理，不要讓自己感到吃得很可憐、控制得滴水不漏，這樣有壓力的減肥反而容易有反效果，一定要開開心心才能達到最好的效果。

03　**特別提醒**：2 週課程是建立在 1 週蔬果排毒和 1 週密集運動的搭配上，因此身體如果有重大疾病要小心謹慎的進行，有任何不適都要留意甚至停止！而且 2 週後記得要回復正常，別再持續第 2 週的運動計畫，以免過度疲勞反而容易受傷。

企業名人最愛 黃金 12 週 終極塑身課：

神奇 6 分鐘，瘦身一大圈！
馬甲線／人魚線定型的關鍵！

所謂的 12 週課程就是「黃金 12 週 終極塑身課」，是 kenny 教練根據 10 多年的教學經驗和 20 多年的健身心得，將全身肌群分佈連結及特性，規劃區分出相互影響的連動區塊，搭配專業的動作設計，研究出最快速有效的 12 週、12 個簡單的運動課程！

「黃金 12 週 終極塑身課」總共分成 12 週完成、每 1 週主打 1 個最主力的運動、12 週共 12 個招式，適合所有想要瘦全身、瘦局部、雕塑曲線、練出馬甲線和人魚線的人！這些動作全部都會在後面的彈力繩單元和 DVD 中教學示範！

每個讀者在家裡都可以針對你想要瘦身和塑形的部位，來選擇 kenny 建議的課程練習，跟著書和 DVD 練習，就能達到非常驚人的效果！重點是，你一定要確實練好每週的動作、以及搭配我的飲食規劃。

你們都已經知道，雖然 2 週課程可以馬上看得出身形線條，但急就章練出來的線條只是暫時定型，如果沒有繼續鍛鍊，將線條真正定住，很快就會打回原形。

身體線條的特性就是：如果你花愈多時間維持線條，那線條能夠容忍的鬆懈時間就會愈長，所以長期肥胖的人不容易瘦下來，就是因為胖太久的關係。因此 2 週只是一個初步成形，第 6 週大約開始可以看得出馬甲線，但只有練完「黃金 12 週 終極塑身課」，才是真正將身形線條定住、維持的關鍵！

「黃金 12 週 終極塑身課」基本上就是在建立良好的生活習慣：包括飲食方式、以及二天運動一次的習慣！而在這 12 週當中，你會大約在第 8 週時遇到「減肥停滯期」，所以也要學習如何使用「7 日蔬果排毒」來突破。

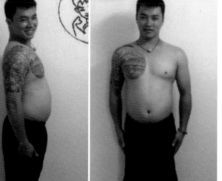

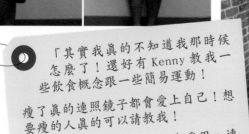

6 分鐘瘦一身！
「黃金 12 週　終極塑身課：」
馬甲線、人魚線的塑身專門課！

我的「黃金 12 週　終極塑身課」，完全都是以彈力繩來教學，非常簡單方便，效果又驚人！像是馬甲線女神、最近一直被媒體報導的楊甯，以及一些企業名人、正妹們，都是因為「黃金 12 週　終極塑身課」而成功的瘦一大圈、或是練出漂亮的馬甲線和人魚線！

我的學員中，因為「黃金 12 週　終極塑身課」而減重最多的是住在台南的 26 歲佾樑，他是每週從台南北上來跟我上課，從最胖時 88 公斤，上完黃金 12 週課程之後，成功減重到 68 公斤，足足瘦了 20 公斤！而且還練出明顯的人魚線和腹肌！

12 週成績：

減重 20 公斤
腰圍少 16 公分
臀圍少 10 公分
大腿減 6 公分
手臂減 4 公分
練出人魚線、腹肌

「其實我真的不知道我那時候怎麼了！還好有 Kenny 教我一些飲食概念跟一些簡易運動！瘦了真的連照鏡子都會愛上自己！想要瘦的人真的可以請教我！不只瘦了，重點是方法終身受用，連健康都找回來了！」　林佾樑

「黃金 12 週　終極塑身課」對瘦身和雕塑線條非常有效，不管男生女生來練都很適合！而這個課程之所以會這麼有效果，除了每個動作的設計我都考慮到連動到的肌群之外，還有跟使用道具是彈力繩有關。

其實運動的輔助道具有很多種，但是為什麼我會選擇用彈力繩當成「黃金 12 週　終極塑身課」的重要道具、以及這本書的主要示範項目呢？為什麼彈力繩的效果會那麼好？

最主要的原因就是，在這麼多年的教學經驗中，我發現彈力繩有非常多的優點！例如：它很好攜帶、使用上很方便，而且很容易可以模擬任何運動器材和運動模式，讓我們不會因為運動的目的和需求不同，就必須不斷更換使用道具，這樣就失去了「運動必須要符合方便、簡單、有效！」這三個原則和精神了。

再來，更重要的是：彈力繩雖然看起來很普通、構造也很簡單，但是它的高彈性卻能夠讓我們依照適合自己的強度來調整，而且也正因為它的高彈性，對於雕塑肌肉和線條、增加肌肉彈性，都有非常好的效果！

所以，這麼多年的教學經驗下來，我發現似乎只有彈力繩對於強化運動效果、鍛練肌肉避免鬆弛、幫助減重瘦身、雕塑出馬甲線和人魚線有最好的功效！練習出來的效果最驚人！同時如果你們想要在家裡做運動時，它也是最方便又平價的工具，即使用壞了也不必心疼。

DVD 中的「黃金 12 週 終極塑身課」，我總共設計了 12 週 12 個招式、22 種彈力繩課程給你們，分成「有門的動作」12 種和「沒有門的動作」10 種，不用 22 種都做，做了「有門」的，就不用做「沒有門」的，有沒有門的功效都一樣，只是為了配合你們在不同的環境中方便練習而已。

每一週的動作都非常簡單，做完一次的時間不過 3 秒左右、做完 10 遍循環也才 30 秒！全部 12 週 12 種動作都練完，也只要 6 分鐘而已！

重要的是，這 6 分鐘包含了所有的動作，它卻簡單到讓你每個動作做起來都輕鬆的像在玩樂一樣！有很多人一開始還懷疑這麼簡單輕鬆的動作到底能不能瘦身啊？！

但是通常還沒練完 12 週，他們就已經發現身體有了明顯的變化：線條出來了！size 小了一號！氣色明顯變好了！水腫消失了！……等等。

現在，我把全部的課程，通通都拍成 DVD，書中也詳盡的示範，讓你們在家裡、拿起這本書，就可以開始依照自己想要鍛練的部位來挑選動作了！

例如妳想練馬甲線的話，可以從我示範的第一週開始；如果你的目標是人魚線，則可以從第七週的動作開始練、如果妳想擁有迷人的翹臀，那就從第十一週開始……諸如此類。

注意！所有的課程，都是最好每 2 ～ 3 天運動 1 ～ 2 小時即可，再搭配一些有氧運動，然後每週增加一個動作慢慢進階，例如：第一週只有一個動作，但第二週 1+1 變成練習二個動作，到第三週就是 1+1+1，一共要做三個動作……依此類推做完 12 週的課程。

而平日不習慣運動的初學者，剛開始可以從每天運動 10 ～ 20 分鐘起步（散步也算），而進階者也不要卯來來天天都練上好幾個小時！建議每次運動時間控制在 2 小時以內最佳，並不是運動越久效果越好，過度的運動反而容易導致老化，要小心！

當然，你們在開始練習之前，一定要先做一下「伸展」（依照後面教學的來做），而動作結束後，記得還要再做一次「伸展」。

而對於想要練什麼部位、可以怎麼挑選課程？下面我會列出一些練習的順序和週數，只要按照書中的示範動作再搭配 DVD 練習，相信你們很快的就會感覺到自己身材線條變化的喜悅和自信喔！

DVD 中「有門動作」的彈力繩，為什麼跟一般的彈力繩不太一樣？

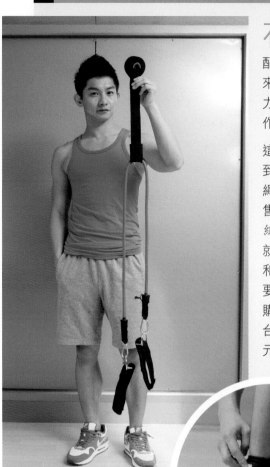

在示範「有門的動作」的時候，我用的彈力繩換成握把部分是扣環的那種。扣環的那一端，可以因應我們不同的需求來更換配件，例如：當我要把門扣卡在門後時，就把彈力繩上的握把拿下來，換上門扣；如果我要換上護套（如圖），就可以把護套扣上彈力繩……這樣對於我們要變化動作和更換場地時，會非常方便！

這樣的彈力繩，跟你們一般看到前端就是固定式握把的彈力繩不一樣，主要是在網路上販售，如果你們搜尋「彈力繩組合（包）」這樣的關鍵字，就會出現這樣整盒的彈力繩和配件，可以看你要搭配什麼配件來購買，價格約在新台幣 300 ～ 500 元之間。

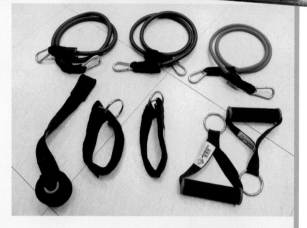

一般的彈力繩 →

注意：

① 所有動作都重複 10 ～ 20 下，最好可以做 3 回，以加強效果。

② 有時候你會發現我書上做左腳，DVD 中示範卻是右腳，不用緊張，這些都是 OK 的！

我所設計的動作都有它的功效和原理，即使有時候動作不太一樣，也完全不影響功效！

我希望大家在做運動時，能掌握它的原理，而不是死記死背左邊還是右邊？因為會做錯邊絕對是人之常情，我不希望你們為了記住是哪邊而忘了該怎麼使力、怎麼起身、或是身體忘了要保持平台狀……等等更重要的事。

③ 有時候，我也會刻意改變一、二個動作中的小地方，來符合各種不同身體狀況和特性的學員，例如：有些人脊椎有問題，不能直接使力起身，我就會改變動作，讓他也能練習而不會感到不方便！功效不但完全一樣，也能讓學員覺得課程更有彈性、做起來更舒服，真正做到「量身打造」的意義。

「黃金12週 終極塑身課 動作介紹：

　　DVD中的「黃金12週 終極課程」，會針對「有門的動作」和「沒有門的動作」，共計22種清楚示範，在這裡簡單條列一下各自不同的動作：

1 「沒有門的」動作示範：

☑ 第一週

姿勢 ①
雙腳套住彈力繩握把，平躺、屈膝，雙手拉緊彈力繩，靠在身體2側。

姿勢 ②
雙手用力拉彈力繩、腹部出力，將上半身撐起，來回10～20下。

☑ 第二週

姿勢 ①
右腳套住彈力繩，平躺，左腳曲膝，左手將彈力繩拉靠近耳朵，順勢將右腳拉起上抬。

緊接著做 ▶

☑ 第三週
同「有門」的第三週做法。

☑ 第四週

姿勢 ②
左手肘往右膝蓋靠去，帶動左肩離地，右腳穩定不動，來回10～20下。

姿勢 ①
雙腳套住彈力繩，右手握繩，平躺，雙腳往上伸直。

姿勢 ②
右手穩定，雙腳同時往左下方轉約45°，來回10～20下。

☑ 第五週

☑ 第六週

姿勢 ①
肘撐，左手和左腳固定彈力繩，上半身盡量呈平台狀。

姿勢 ②
左手往前伸直固定，身體穩住，左手伸直、放下來回10～20下。

姿勢 ①
坐地，雙腳打開與肩同寬，彈力繩握把套在腳尖上，雙手水平握繩。

緊接著做 ▶

 第七週

姿勢 ②

雙腳固定不動，雙手將繩子往身後拉，身體不動，來回 10 ～ 20 下。

姿勢 ①

坐地，雙腳打開與肩同寬，身體微後傾，左腳捆彈力繩，右腳套住繩子握把。

姿勢 ②

左腳固定，右腳盡量往外打開，開合 10 ～ 20 下。(可換邊再做)

PS. 彈力繩捆越短強度越高。

第八週

第九週　同「有門」的第九週做法。

第十週

姿勢 ①

雙腳腳尖外開約 180°，膝蓋微彎、挺胸，雙手合握彈力繩，右腳踩住固定。

姿勢 ②

雙手水平打開伸直、下蹲，膝關節曲屈約 90°，站起、下蹲來回 10 ～ 20 下。

姿勢 ①

站姿，雙手扠腰或扶牆，將彈力繩固定在右腳背，左腳踩住彈力繩，右腳往後微彎。

緊接著做 ▶

第十一週

姿勢 ①

雙腳打開與肩同寬呈跪姿，手微彎，右腳套彈力繩、右手壓住另一端。

姿勢 ②

上半身保持平台狀挺直，右腳往後抬約 90°，來回 10 ～ 20 下。

第十二週

姿勢 ①

左腿跪姿，右腳套住彈力繩，左膝固定彈力繩一端，右腳往旁邊伸直與身體接近 90°。

姿勢 ②

上半身挺胸固定不動，右腳上下擺動來回 10 ～ 20 下。

姿勢 ②

上半身固定不動，右腳往後彎曲屈超過 90°，上下擺動 10 ～ 20 下。

2 「有門的」動作示範：

☑ 第一週
見 P.58 ▶ 9 大馬甲式

☑ 第二週
見 P.60 ▶ 11 大人魚式

☑ 第三週
見 P.49 ▶ 1 屈身跳
腹部有氧

☑ 第四週
見 P.64 ▶ 15 小 S 式

☑ 第五週
見 P.61 ▶ 12 小人魚式

☑ 第六週
見 P.62 ▶ 13 背部划船式

☑ 第七週
見 P.56 ▶ 7 小水上
芭蕾式

☑ 第八週
見 P.57 ▶ 8 大水上
芭蕾式

☑ 第九週
見 P.52 ▶ 3 臀部有氧
微笑蛙式

☑ 第十週
見 P.53 ▶ 4 大腿橘皮
剋星

☑ 第十一週
見 P.55 ▶ 6 馬後踢式

☑ 第十二週
見 P.54 ▶ 5 跪姿翹臀
外側運動

注意！ 練習部位和功效示範

1 練馬甲線

練習順序： 第一週 → 第二週 → 第三週 → 第四週 →
第五週 → 第六週 → 第七週 → 第八週 →
第九週 → 第十週 → 十一週 → 第十二週

馬甲線重點：

所謂馬甲線，就是以腹直肌、腹橫肌、腹內外斜肌所構成的肌肉線條。由此可知，就是針對核心肌群進行鍛鍊。

常見的運動如仰臥起坐、肘撐平台式、彈力繩左右拉等，都是快速打造馬甲線的運動。很多女生不敢練腹部，是因為怕出現很陽剛的腹肌。但事實上，想練出腹肌可沒那麼容易！馬甲線也不是每個人都練得出來的。而且女生們只要練出

若隱若現的馬甲線，身材就會很性感，因此根本不用擔心會練出大塊肌肉。

比較特別的是，女生在做仰臥起坐時，很多人會難以控制的去用到頸部力量，這樣很容易受傷、 效果也不佳。這時候可以採平躺，改為雙腳打直向上抬舉，放下時在離地面 30° 左右即可，不要放到地板上。

2 練人魚線（比基尼線）

練習順序： 第七週 → 第八週 → 第九週 → 第十週 → 第六週 → 第八週 → 第十一週 → 第十二週 → 第一週 → 第二週 → 第三週 → 第四週 → 第五週

人魚線重點：

所謂的人魚線，就是位在小腹與恥骨之間，斜約45°的線條。同樣的這條線，如果是肥肉堆積的大肚腩，就變成鮪魚線了！

所以，事實上每個人都有人魚線，男女生都有！只是名稱不一樣，男生叫人魚線，女生的稱為比基尼線。但重點是一定要腹部平坦才看得到，男生甚至要有一些腹肌，這樣看起來焦點才會集中在腹部，不然就會失焦只看到大肚子。

想要練出完美人魚線，不只是腹部要有腹肌，臀部、大腿也很重要！因為腹部肌肉有些是連結到大腿，所以想要有明顯的人魚線，大腿就要有線條、臀部要翹，這樣才會整體性的好看。

要練出人魚線，主要是針對腹部、大腿與臀部三大部位進行鍛鍊。每次練習時，依照肌肉比例不同，可以先從大腿開始練起，接著是臀部，最後才是練腹部，再搭配一些有氧運動，這樣12週練下來，你一定會感覺到腹部愈來愈平坦、臀部愈來愈緊實、腿部線條更明顯，甚至褲子都會小一號！也會愈練愈有自信心。

3 瘦肚子

練習順序： 第一週 → 第二週 → 第三週 → 第四週 → 第五週 → 第九週

4 改善虎背熊腰

練習順序： 第六週 → 第一週 → 第二週 → 第三週 → 第四週 → 第五週

5 迷人翹臀

練習順序： 第十一週 → 第十二週 → 第七週 → 第八週 → 第九週 → 第十週 → 第三週

6 下半身消水腫

練習順序： 第七週 → 第八週 → 第九週 → 第十週 → 第三週

7 瘦全身

練習順序： 第一週 → 第二週 → 第三週 → 第四週 → 第五週 → 第六週 → 第七週 → 第八週 → 第九週 → 第十週 → 十一週 → 第十二週

注意重點：

那些來跟我上課的名人們，他們有許多人並沒有12週課程、12種動作都練，因為我會根據他們不同的身體狀況和問題來規劃適合他們的課程，像有些人只需要主攻4、5種動作，其他時間我會幫他們搭配一些動作，也許是有氧、也許是伸展……不一定，但效果都非常好！

你們因為沒有來教室上課，我無法根據你們個別的狀況來「量身打造」屬於你們的運動課程，因此最簡單的建議，就是你們12週的12種動作都練，你一定會看到自己的改變！

「戰鬥包有氧舞 (Fighting Bag)」
神奇 8 分鐘
拯救你的下半身！

**連專家
也喊救命：** 不騙你！跳完 8 分鐘，全身上下的經脈都通了、肌肉都運動到了！
隔天開始就知道這 8 分鐘的厲害～

「戰鬥包有氧舞 」(Fighting Bag) 是我所獨創的 8 分鐘舞蹈動作，這個舞蹈結合了 9 個腰、臀、腿的動作，以及 2 個上半身的動作，對於長期有下半身肥胖、水腫、啤酒肚、腹凸、鬆垮大屁股、粗壯蘿蔔腿等……困擾的人特別有效！

練完的人都說這根本是「下半身的救星」！但是如果你沒有下半身肥胖的困擾，練習「戰鬥包有氧舞 」也不會沒作用，它不但可以幫你全身都運動到，還能讓你的線條越來越美、越來越緊實，我的一些學員才跳沒幾週，身上就出現明顯的馬甲

線，像宛瑩就是一個很好的例子，她本身很纖細，竟然還能藉著跳「戰鬥包有氧舞 」而練出馬甲線，每個人都覺得很不可思議！

而到底 DVD 中所示範的「戰鬥包有氧舞 」跟書裡的「戰鬥包快速操」有什麼不同呢？

其實，有二點不一樣：首先，DVD 裡我把書中第 4 招「V 字型核心肌群運動」改成「環繞核心運動」，強度比較低一點，更適合大家一口氣跳完 8 分鐘也不會太累。

再來就是，書中教的是分解動作，而 DVD 的示範是把所有動作全部融合成一整套的流暢舞蹈，每一個動作都是經過我不斷地反覆思考和練習所設計出來的！不但可以讓我們在跳舞時全身上下達到加強交叉循環、運動效果加倍的好處，對於曲線雕塑的效果也更大！能一次解決所有下半身令人頭痛的問題。

我建議你們每天都可以看著 DVD 跟我一起跳「戰鬥包有氧舞」，你會明顯感受到這個簡單舞蹈動作的強大效果，隔天起床保證全身該痠痛的地方都有感覺！記得我之前有說過，如果你運動姿勢不對、使力的部位不對，就會痠痛到錯誤的地方，所以動作一定要做確實，才能達到我們想要的效果喔。

「戰鬥包有氧舞」 Fighting Bag 的好處：

❶ 動作很簡單，不需要有任何韻律感，也不必擔心肢體的協調性。

❷ 隨身就包包就可以拿來練習，沒有制式的規格，但一定要有揹帶。

❸ 每天只要 8 分鐘，就可以讓你快速瘦到腰、臀、腿，還能練出馬甲線。

❹ 不需要很大的場地。

❺ 每天跳 1 次，平均 2、3 個月就會出驚人的改善！

❻ 如果是進階者（以跳完 8 分鐘不會覺得很喘或很累的人），每天可以多跳 1~2 次，也會提前在 1 個月左右就出現非常明顯的效果喔！

Kenny の叮嚀

❶ 包包的挑選和重量的算法，可以參考書裡的教學。

❷ 要依照自己的身體狀況來調整練習的時間長度。

❸ 初學者或是平常沒有運動習慣的人，可以把 8 分鐘的長度分成 2 階段來做完。

也許是跳 4 分鐘之後休息 5 分鐘，之後再接著跳 4 分鐘；也可以改成每天只跳 4 分鐘，不必勉強。

❹ 進階者可以增加包包重量，建議可以多裝一瓶礦泉水。

❺ 千萬記得運動前後都一定要做「伸展操」（詳見後面的示範）。

Chapter 2

一條繩子搞定全身！
史上［妖瘦強］

快瘦 彈力繩 10 分鐘 **變身操**

企業名人 ‧ 馬甲線女神最愛
馬甲線 / 人魚線 的超級捷徑！

小小一條 彈力繩 ➕ 門扣
［16招］輕鬆逆襲你的肥油贅肉
快速還你全身漂亮曲線！

我設計的這一系列「快瘦彈力繩 10分鐘變身操」，就是要讓你們每一個人都覺得做起來超簡單、超方便、又超級快速有效！所以我選在家裡教大家如何練習，因為家家戶戶都一定會有門和門把，只要利用門後 1～2 坪的空間、簡單的幾個動作，大家在家裡就可以輕鬆上手！而且在家裡運動的最大好處，就是我們可以想到就做、還可以天天做。

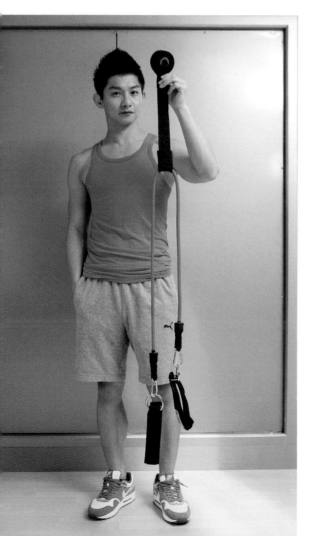

除此之外，利用門來運動還有很大的好處是：彈力繩的發揮空間可以更大，甚至有很多動作都可藉由彈力繩的輔助而更輕鬆做到！例如仰臥起坐，利用彈力繩來拉動上半身，會比直接做動作更輕鬆。

運動要有效果最重要的觀念，就是持之以恆。所以運動一定要很方便，因為不夠方便大家就不容易持之以恆！運動也要夠有效，因為長時間都無效，大家就更不會想繼續下去！運動還要很快樂，因為只有在快樂中運動，而不是背負著壓力而運動，效果才會好！

但是有些人在家裡運動反而會偷懶，因為沒有壓力和強迫性，再加上如果動作太複雜太難，很多人就乾脆放棄了！所以我特別設計這套「快瘦彈力繩 10分鐘變身操」，讓你每天都做一些簡單又沒負擔的動作，但如果能持續不間斷的做，一定會很快看到驚人的效果！

下面示範的動作，全部都是以門作為主要的固定中心點，我們只要運用「門扣」就可以增加彈力繩的方便性和力道，除了門把，穩固的牆壁或是衣櫃也都可以，只要有了「門扣」幫助運動時的支撐點，不用出家門，也能輕鬆練習包含有氧運動、心肺運動、肌力訓練等各種項目。

接下來的16招「快瘦彈力繩 10分鐘變身操」，包含了腹部、腿部、臀部的肌力訓練和有氧運動。因為下半身是比較重要的部位，是大肌肉群的所在，因此你們照著做肌力訓練時，建議最好是依照：先練腰、再練臀、再來大腿的順序來練，這樣效果最好！（有氧的部分就沒有分順序）

開始運動之前：

■ kenny 的運動法寶： 護套

01 在做「有門的動作」以及腿部動作時，可以綁上護套比較安全，還可以避免彈力繩滑落，尤其是做有氧運動時因為所有動作都是連貫的，所以為了避免繩子滑落而動作被中斷，建議最好是使用護套。

02 使用時只要把護套綁穩在腳踝上即可，不需要刻意綁到最緊，以免過緊而造成皮膚磨傷。

03 目前常見的腿部護套都有海棉墊，但如果覺得護套和皮膚接觸會有不適感，可以穿長襪或長褲，將護套綁在衣服外側，就會比較舒適。

04 彈力繩護套在體育用品店或網站都可以買到，網路上有賣整盒彈力繩相關配件。

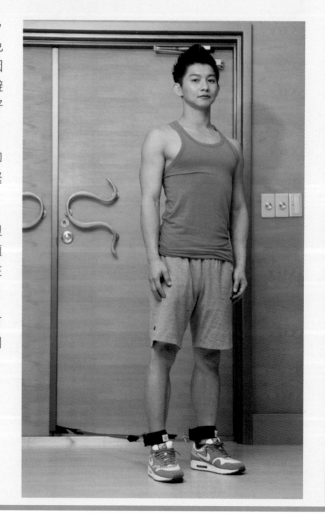

快瘦彈力繩 10 分鐘變身操

① 屈身跳腹部有氧

功效

❶ 無法長時間做心肺訓練者，可以改做這個短暫心肺有氧動作。此外，這個動作是以腹部做為驅動主體，所以可以同時訓練到腹部與心肺有氧。

❷ 每天 10 分鐘，快速燃燒腹部脂肪。

1 將彈力繩扣在門的下方，彈力繩以護套綁在腳踝上，雙腿打開與肩同寬站穩。

2 身體向前趴下，手掌貼地，雙膝不落地。

3 雙手撐穩，腹部用力、雙腿往前跳一大步，讓雙腳靠近雙手，臀部稍微抬高，膝蓋微彎。

4 雙手離地，膝蓋打直，回到動作 ❶ 的位置。

練習次數：
來回 10 ～ 20 下

Kenny 的叮嚀

❶ 預備動作的站立位置，是以彈力繩不用力就可以拉直的距離。

❷ 剛開始的趴姿要留意腰部不過度下壓，腹部要用點力讓身體維持接近平台狀。

❸ 向前跳時臀部向上，膝蓋保持微彎，因為完全蹲著對膝蓋是很大的負擔。

❹ 這個動作有多次跳躍，膝蓋若是無法承受跳躍的人，應該要避免。

維持平台狀

❷ 橫式屈身跳

功效

❶ 可以快速結實大腿內外側肌肉線條的最有效運動。

❷ 每天 10 分鐘，快速燃燒腿部脂肪。

1 將彈力繩扣在門的下方，彈力繩以護套綁在腳踝上。身體與門盡量呈 90°，雙腳打開與肩同寬，以腳上彈力繩不用力即可拉直的位置站好。

練習次數：
來回 10 ～ 20 下

2 先向外側橫跳 2 大步，再向內橫跳 2 大步回到動作 ❶ 的位置。

③ 臀部有氧微笑蛙式

1 將彈力繩扣在門的下方，彈力繩以護套綁在腳踝上，以彈力繩不用力即可拉直的位置站穩，身體向前微彎、雙手放在膝蓋上。

2 下蹲，起身同時一腳向外側抬，再下蹲，起身時換另一腳向外側抬。

Kenny 的叮嚀

❶ 雙手放在膝蓋上時，要記得挺胸，臉向前微抬 45°，動作時保持上半身不動。

❷ 下蹲的時候如果覺得膝蓋壓力很大時，就不要蹲太深，讓膝蓋彎曲角度小一些。

練習次數：
來回 10～20 下

④ 大腿橘皮剋星

功效

快速消耗大腿後側脂肪，同時修飾小腿線條，改善大腿後側橘皮組織，是大腿橘皮的剋星。

1 將彈力繩扣在門的下方，彈力繩以護套綁在腳踝上，身體背對門趴下，手肘趴地，雙腳向上微彎，讓彈力繩維持不用力即可拉直的狀態。

2 雙腳向臀部勾起、拉緊，再回到動作 ❶ 的位置。

練習次數：
來回 10 ～ 20 下

Kenny 的叮嚀

❶ 趴下的時候雖然手肘趴地，但要盡可能讓身體貼穩地面，不要讓身體拱起來。

❷ 雙腳擺動的速度要盡量緩慢，放回地板時在接近地面約 30° 即可，不要把腳平放於地板上。

⑤ 跪姿翹臀外側運動

功效

快速改善鬆垮臀部，給你
更迷人的翹臀。

1 將彈力繩扣在門的下方，彈力繩以護套綁在腳踝上，身體與門盡量呈 90°，讓彈力繩維持不用力即可拉直的狀態。雙手按地穩住上身，先雙膝跪地，接著外側腿向側邊伸直點地。

2 外側腿慢慢向上抬至水平，不停留，接著慢慢回到動作 ❶ 的位置。（可轉身換邊再做）

Kenny 的叮嚀

❶ 做動作時，留意身體不要駝背也不要下陷。

❷ 外側腿抬高時，若無法完全伸直呈水平、或覺得強度太高，可以稍微彎曲膝蓋，即可稍微降低強度。

練習次數：
來回 10 ～ 20 下

⑥ 馬後踢式

1 將彈力繩扣在門的下方，彈力繩以護套綁在腳踝上，身體面對門，讓彈力繩維持不用力可即拉直的狀態，四肢趴地跪姿、單腳預備往後抬起。

2 上半身保持平台狀，單腳慢慢向後上方抬起，不停留。

3 接著慢慢回到動作 ❶ 的位置，可換腳再做。

Kenny 的叮嚀

❶ 動作是以髖關節驅動，特別留意膝關節不要動到。

❷ 動作應感覺到臀部痠而非大腿痠，如果感受集中在大腿，就表示腿部姿勢錯誤。

練習次數：
來回 10 ～ 20 下

❼ 小水上芭蕾式

1 將彈力繩扣在門的下方，彈力繩以護套綁在腳踝上，身體與門呈水平仰躺，讓彈力繩維持不用力即可拉直的狀態。內側腳屈膝向內踩穩，外側腳伸直向上抬至與身體呈90˚。

2 伸直的腳慢慢向外側打開，不停留，接著慢慢回到動作 ❶ 的位置。
（可轉身換邊再做）

Xenny 的叮嚀

外側腳向外打開時，腹部也要用力將身體穩定住，避免隨著腳的擺動而晃動到身體。

練習次數：
來回 10 ～ 20 下

⑧ 大水上芭蕾式

1 將彈力繩扣在門的下方，彈力繩以護套綁在腳踝上，身體與門呈水平仰躺，讓彈力繩維持不用力即可拉直的狀態。外側腳屈膝向內踩穩，內側腳伸直向上抬至與身體呈 90°。

2 抬起的內側腳慢慢往外側方向伸去，不停留，接著慢慢回到動作 ❶ 的位置。（可轉身換邊再做）

Kenny 的叮嚀

內側腳往外側伸去時角度不用大。

練習次數：
來回 10 ～ 20 下

57

❾ 大馬甲式

功效

❶ 平常做仰臥起坐感受不到腹部用力，或是頸部容易出力的人，都可以改用這個招式，就能正確練習到腹部核心肌群。

❷ 鮪魚肚的剋星！

1 將彈力繩扣在門的上方，身體面對門仰躺，雙腳屈膝向內踩穩，雙手打直拉緊彈力繩。

2 藉由彈力繩的拉力抬起上半身（如想加強動作力量，也可以抬起時雙手順勢打開拉至身體兩側），不停留，接著慢慢回到動作 ❶ 的位置。

Kenny 的叮嚀

主要力量要先由腹部用力驅動上半身抬起，用力後還是無法抬起上半身時，雙手才稍微用力拉彈力繩輔助。

練習次數：
來回 10～20 下

⑩ 小馬甲式

1 將彈力繩扣在門的上方，身體與門呈
水平坐姿，挺胸、上身微微後傾，雙
手握緊單邊彈力繩，讓彈力繩維持不
用力即可拉直的狀態。

2 腹部扭轉，雙手慢慢向外側轉，不停
留，接著慢慢回到動作 ❶ 的位置。
（可轉身換邊再做）

Kenny 的叮嚀

❶ 雙手向外側轉時要留意
膝蓋角度不要改變。

❷ 扭轉雙肩、頭不轉。

練習次數：
來回 10 ～ 20 下

⑪ 大人魚式

1 將彈力繩扣在門的上方，身體面對門向左偏45°左右，仰躺，雙腳屈膝向內踩穩，兩個彈力繩握把併攏，右手打直將彈力繩拉緊，左手平貼於地上。

2 左肩不動，右肩慢慢斜上，不停留，接著慢慢回到動作 ❶ 的位置。
（可換邊再做）

Kenny 的叮嚀

❶ 單邊肩膀抬起時，另一個肩膀要緊靠地板，盡量不要動到。

❷ 要感受到是側腹在用力緊拉，而不是腹部正面用力。

練習次數：
來回 10 ～ 20 下

⑫ 小人魚式

功效

❶ 最適合脊椎有問題的人用來訓練腹部。

❷ 適合下腹凸、腹脹的人用來消小腹。

1 將彈力繩扣在門的上方，身體面對門仰躺，將彈力繩握把套在腳尖上，雙腳上舉接近 90°，讓彈力繩維持不用力即可拉直的狀態。

2 尾骨向上抬起，讓膝蓋慢慢靠近胸口，不停留，接著慢慢回到動作 ❶ 的位置。

Kenny 的叮嚀

❶ 尾骨向上捲起時，只要有離地就好，不要想捲起很多而讓下背離開地面。

❷ 動作時膝蓋保持微彎，保持一定的角度不要改變，以避免用到腿部力量。

練習次數：
來回 10 ～ 20 下

⑬ 背部划船式

1 將彈力繩扣在門的上方，身體面對門呈弓箭步，雙手靠著身體、彎曲抓住彈力繩，維持不用力即可拉直的狀態。

2 雙手慢慢向後拉，手肘超過身體後，不停留，接著慢慢回到動作 **1** 的位置。

Kenny 的叮嚀

後拉時要手臂要保持貼近身體，不可打開。

練習次數：
來回 10 ～ 20 下

⑭ 下胸**蝴蝶式**

1 將彈力繩扣在門的上方，身體背對門，右腳前跨呈弓箭步，雙手呈ㄇ字型，雙手盡量水平舉起，肘關節彎曲 90°。

2 右手慢慢向前下推到底，不停留，接著慢慢回到動作 ❶ 的位置。

練習次數：
來回 10 ～ 20 下

Fenny 的叮嚀

❶ 下推時特別注意肩膀和手肘要同時動作才正確。

❷ 下推動作時身體保持挺胸，才能讓上手臂和胸部確實運動到。

⑮ 小 S 式

功效

❶ 最適合剛開始練習腹部的初學者，尤其很少運動到側腹的人，可以從這個動作先開始增強肌肉力量。

❷ 打造水蛇腰、S 曲線的必練動作！

1 將彈力繩扣在門的上方，身體側身與門呈90°，雙腳打開與肩同寬，雙手將彈力繩握把併攏握緊，雙手伸直在腹部前方橫握，讓彈力繩維持不用力即可拉直的狀態。

2 雙手將彈力繩慢慢往身體外側下方拉，不停留，接著慢慢回到動作 ❶ 的位置。（可轉身換邊再做）

練習次數：
來回 10 ～ 20 下

Kenny 的叮嚀

❶ 動作時雙手伸直但不要用力，轉動時只有肩膀動，眼睛直視前方，頭不動。

❷ 腹部要用點力讓身體穩定住，不要因為轉動而跟著向下擺動。

⑯ 弓箭步**曲線運動**

1 將彈力繩扣在門的上方，身體側身與門呈 90°，雙腳前後打開呈弓箭步，彈力繩握把併攏，雙手伸直在胸前橫握，讓彈力繩維持不用力即可拉直的狀態。

2 雙手慢慢向身體外側下方拉，不停留，接著慢慢回到動作 ❶ 的位置。（可轉身換邊再做）

練習次數：
來回 10 ～ 20 下

henny 的叮嚀

❶ 膝蓋可以盡量接近 90°，如果強度太高，角度可以大一點。

❷ 動作時身體會不平穩的人，弓箭步的前腳可以往外側挪動一些，雙腳左右間距多拉開一些，可以幫助身體穩定。

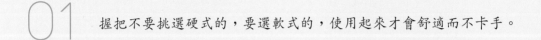

彈力繩的好處，就是輕巧、方便攜帶、運動力道不強但效果非常好！而且到任何地方都可以使用、動作也都超級簡單，因此這是我特別推薦給大家的好東西。

但是彈力繩有各式各樣的繽紛色彩、強度各有不同，很多人分不清楚，以致於常買到不適合的，因此特別在這裡提醒大家，購買彈力繩時要注意以下事情：

01
握把不要挑選硬式的，要選軟式的，使用起來才會舒適而不卡手。

02
彈力繩有分強、中、弱三種強度等級。強度差異是依照管壁厚度而定，並不是顏色的區別，所以挑選時記得要問清楚。

03
如果是初學者，我會建議可以一組三種強度的都買，因為價格很便宜，而且是消耗品，所以都買來練練看、找到最適合自己的。

04
有學員為了想一下子就看到運動成效，而選擇高強度的彈力繩，但 Kenny 建議大家在挑選時寧可選弱一點的，因為較弱才拉的動，而且運動效果常與姿勢、運動角度較有關係，所以寧可選擇輕鬆一點但能做到正確姿勢的強度，也不要選擇高強度導致自己連做都做不起來。

05
繩子的長短不用太在意，因為當我們在運動時是可以自由調整長度的。

06
彈力繩是消耗品，放久了也會鬆斷，所以購買時要拉拉看是不是快斷掉？

07
彈力繩另外會有門扣或腳扣等輔助用品，可以依照我前面的解說，視需要來選購。

哪裡買？

粒線體健康網：
http://www.atptw.com
或各大運動用品店

- - - - - - - - - - - - - - -

售價約
150 ～ 400 元

Chapter 3

下半身 的救星！
戰鬥包快速操
Fighting Bag ！

專剋： 大肚子、橘皮、鬆垮大屁屁、
大嬸腰、肉鬆腿、蝴蝶袖
鍛鍊： 馬甲線、人魚線

超級塑身專家
不告訴你的秘訣：

普通的隨身包 ➕
11招「超簡單」的動作
輕鬆解決難纏的局部 [胖 ‧ 鬆 ‧ 垮]！

「看起來強度很低　效果卻非常驚人！」

把每個人身邊都會有的包包，當做是一個主要的運動器材來研發設計的運動，在國外已行之有年，但是在台灣卻很少見，幾乎可以說沒有。

但我在研究和親身體驗國外的包包運動之後，發覺這真的是一個全身都能運動到、尤其專攻下半身、看起來很輕鬆，卻非常有效、又很有趣的一種運動，不管是男生或女生都很適合做Fighting Bag「戰鬥包快速操」。

根據我在國外的實地考察發現，因為國外戶外空間非常足夠，所以許多人會帶著器材在戶外做運動。例如彈力繩就綁在樹上或椅子上運動，Fighting Bag 也有不少人會隨時拿起來動一下，也難怪他們的運動風氣比較盛、身體也比較健康。

所謂的 Fighting Bag「戰鬥包快速操」，顧名思義就是「隨時可以準備跟肥肉和脂肪戰鬥、隨時準備跟鬆垮的線條戰鬥、隨時準備跟肌肉戰鬥」的運動，最重要的是：你想到就可以運動！而且它就是一個普通的側背包，可以帶來帶去，相當方便。

在國外，Fighting Bag 所用的包包有些是經過特殊設計，一個大約要新臺幣4、5千元。但是特殊設計的原理，也只是為了能增加和調整包包的重量，實在沒必要多花那個錢去買專用的戰鬥

包，我把普通的側背包或旅行袋、女生用的包包（但是要有側揹帶），拿來裝入適量的寶特瓶水或其他重物，也能變成一個很好用的戰鬥包！

通常，包包裡只要放入1、2瓶礦泉水（約1200～2400c.c），讓包包的重量大約在1～5公斤左右，就是一個適合作為 Fighting Bag 運動的側背包了。

Fighting Bag 動作的優點，就是在於利用一個簡單的包包，可以做出多變化性的動作，再加上有負重，肌肉的效果會比較明顯，而且隨時都可以運動，比較不會有壓力。

Fighting Bag 還有一個優點就是：負荷量可以比較大，有點類似啞鈴的功用，所以對於鍛鍊腹部、臀部、大腿這些下半身的部位特別有效！

和「快瘦彈力繩　10分鐘變身操」運動相同的是，Fighting Bag 因為方便攜帶、不用額外準備，所以非常適合隨時隨地想運動的人。尤其如果你不喜歡在戶外用彈力繩運動時被旁人注目，這時候 Fighting Bag 就非常適合，一點也不突兀。

而至於 Fighting Bag 的包包該裝多少重量的東西才符合自己的需求？

你可以這樣做：如果拿一個 Fighting Bag 做深蹲動作能做到 20 下，那這樣的重量就是適合你的。但如果做 10 下就覺得無法負荷，那就表示太重了，要再減少一些東西。而且，我希望你們不需要刻意追求包包的重量一定要有多重，重量不代表效果，把動作和次數做足比較重要！

雖然彈力繩和 Fighting Bag 都一樣便利、有效，但是我特別推薦給想要改善下半身問題的人，可以優先採用 Fighting Bag 來運動，它的效果會比彈力繩更為快速而顯著！但若是希望全身都運動到的人，彈力繩當然是不二選擇。

❶ 提臀微笑曲線

功效

可以使臀部外側緊實，適合臀部較寬大、梨型身材的人，可以幫助臀圍縮小，修飾臀型。

體驗重點

感覺到臀部有用力緊縮，而不是只有大腿用力。

1 雙腳打開與肩同寬站穩，抓住包包揹帶兩側，雙手自然下垂不用力。

2 右腳站穩，左腳往前跨出去，上半身順勢向前微彎，雙手持續自然下垂讓包包靠近地面，但不落地，停留 2～3 秒。

3 左腳收回、身體站直，雙腳自然打開，
雙手將包包舉至胸前，順勢向胸前靠攏。

4 同樣動作換右腳向前跨出，雙手
持續自然下垂讓包包靠近地面，
但不落地，停留 2～3 秒。

5 收回右腳、身體站直，回到動作
❸ 的位置。

Kenny 的叮嚀

換邊時可以停留 2～3 秒，速
度不要太快。

練習次數：
左右換邊，來回 10～20 下

❷ 翹臀美魔女

功效

可以使臀部後側緊實、增強彈性，幫助翹臀、改善扁平，適合長期坐辦公室的上班族。

體驗重點

除了臀部有緊收之外，大腿後側肌肉可以感受到拉扯而有緊實感，腹部也會稍微用力。

1 雙腳打開與肩同寬站穩，抓住包包揹帶兩側，雙手自然下垂不用力。

2 左腳站直，右腳向後平伸，上半身向前傾，雙手抓住包包揹帶兩側，雙手自然下垂讓包包靠近地面。

3 右腳收回，身體站直，回到動作 ❶ 的位置。

4 換邊同樣動作。

Kenny 的叮嚀

運動中身體必須適度用力保持挺胸，不要放鬆導致駝背。

練習次數：
左右換邊，來回 10 ～ 20 下
每次停留 2 ～ 3 秒

❸ 川字肌**動作**

功效

消除壓力型腹凸,同時鍛鍊馬甲線。

壓力型腹凸產生原因就是因為壓力而造成皮脂層產生,通常這類型的人全身上下大都較瘦而結實,但唯有腹部呈橢圓前凸狀,這類型小腹多半就是壓力造成的。

體驗重點

以腹部力量為主,如果腹部力量真的無法出來才適度使用手臂力量。

1 坐在地板上雙腳屈膝,包包放在腳前用雙腳抵住,包包揹帶拉長至膝蓋上方,然後往後躺於地板上。

2 雙手拉住揹帶、雙腳踩穩。

3 雙手拉穩不動,如仰臥起坐般用腹部力量帶起上半身,停留 2 ～ 3 秒再躺回地板。

henny 的叮嚀

雙手穩定拉住包包揹帶不要移動,可以幫助腹部用力抬起上半身。

練習次數:
來回 10 ～ 20 下
每次停留 2 ～ 3 秒

④ V 字型核心肌群運動

功效
加強下腹肌肉力量、幫助男生快速鍛鍊人魚線，並且增加身體穩定度，以達到改善體態的功效。

體驗重點
腹部應該是最出力的部位，進而帶動手腳協調的自然呈現出 V 字型。

1 仰躺於地板上，雙手拉著包包揹帶，雙手盡量向上伸直。

2 深吸一口氣，腹部用力，將雙腳雙手同時舉起如 V 字型，不停留，接著慢慢回到動作 ❶ 的位置。

Kenny 的叮嚀

雙手雙腳盡量向上延伸，不要刻意上舉，以免錯用到肩膀力量。

練習次數：
來回 10 ～ 20 下

⑤ 深層**腹部運動**

1 雙手、雙腳與肩同寬撐地，雙腳向後伸直、腳尖踩穩，身體盡量呈平板姿勢，將包包放在左側地板。

功效

專門消除腹部頑固脂肪，尤其是針對吃錯食物的類型，例如攝取澱粉類食物過多、喝過多啤酒等導致的腹脹型小腹。

體驗重點

當你做這個動作是真正用到深層腹部力量時，身體就不會歪斜；而如果你臀部翹起導致身體不平，著力點就會落在雙手雙腳，這就不會鍛鍊到腹部。

練習次數：
左右換邊，來回 10 ～ 20 下

Kenny 的叮嚀

❶ 身體呈平板姿勢時，注意臀部不要翹起，這樣腹部才能正確用力。

❷ 男生如果想加強難度，可以在包包移到定位時，同時單腳向上抬 5 下，換邊。

❸ 戒吃澱粉能在短時間內效果更加倍。

❹ 如果真的想吃澱粉類食物，優先選擇是五穀飯，接著依序為白米飯、白吐司、麵包、白麵條、厚片 Pizza、餅乾。

2 右手往左側伸去，將包包拉到身體右側，右手撐地。

3 同樣姿勢再換左手將包包拉到身體左側，左手撐地。

⑥ 腹背消脂有氧

功效

包包上拉動作可以鍛鍊背部，而屈跳有氧可以
快速消耗脂肪，所以對於腹部脂肪明顯較多的
人特別有效！如果脂肪較少，則可以達到緊實
腹部線條的功效。

體驗重點

身體必須挺直，可以強化下背肌肉，增強身體
的穩定，可以避免駝背。

因屈跳動作屬於有氧運動，搭配上拉動作可以
快速燃燒腹部脂肪，達到一舉兩得之效。

1 抓住包包兩側，上半身前彎約呈現
45°，雙手自然下垂不用力。

2 深吸氣，雙手用力將包包拉起靠近
身體，不停留（或是要增強就停留
2～3秒）再慢慢放下。

3 包包如此上拉 10 次後，先將包包
放到一邊，接著準備做屈跳動作。

4 雙手撐地、雙膝微彎，身體成拱橋型。

5 雙腳打開向後跳一大步，接著再跳回原位。

6 反覆前後共跳 10 次後，再回到動作 ❶ 的位置。

Kenny 的叮嚀

拉包包時身體不要動，才能正確運動到背部肌肉。

練習次數：
包包上拉和屈跳動作
共 1～2 輪。

❼ 甩掉蝴蝶袖

功效

減少蝴蝶袖，手臂線條變美、手臂較有力，能拿重物。

體驗重點

要感覺到蝴蝶袖有運動到才正確，而不是只有上手臂出力。

1 抓住包包二側，雙手自然下垂不用力，雙腳打開與肩同寬。

2 雙手將包包往背後甩舉過頭，置於後方。

3 雙手向上伸直將包包舉起，不停留，慢慢回到動作 ❷ 的位置。

henny 的叮嚀

❶ 包包甩過頭頂時，要輕巧一點，千萬不要打傷自己。

❷ 雙手向上伸直將包包舉起時，可以停留 2 ～ 3 秒。

練習次數：
來回 10 ～ 20 下

❽ 緊實馬鞍腿

功效

結實大腿,對於大腿鬆垮、沒有線條、出現橘皮組織的人相當有效!此外,鍛鍊大腿前側肌肉能讓你爬樓梯時會更輕盈、腿骨更有力。

體驗重點

主要施力點放在大腿前側,另外上背部會感覺到一些壓力,這是因為分散身體重量、幫助平衡所致。

1 雙腳打開比肩膀稍寬,雙手抓住包包二側,自然下垂不用力。

Kenny 的叮嚀

屈腿時重心放在臀部,膝蓋不要超過腳尖,抱住包包時不要駝背。

2 雙手使力將包包甩上來抱著。

3 身體重心慢慢移到左側、左腿屈膝、右腳打直。

4 換邊,重心慢慢移到右側、右腿屈膝、左腳打直。

練習次數:
來回 10 ～ 20 下
每次停留 2 ～ 3 秒

⑨ 瘦腿提臀雙效合一

❶ 可以有效消除大腿內側脂肪，對於大腿內側老是鬆垮的人而言，是最快速打擊脂肪的方法。

❷ 想要提拉臀部的人也要勤做這個動作，因為大腿內側的肌肉是牽引到臀部肌肉的，只要大腿肌肉結實，就會像是支架般撐著臀部，自然達到提臀、美化線條的作用。

體驗重點

雙腳呈現ㄇ字型時，大腿內側要有拉緊的感覺。

1 雙腳打開比肩膀稍寬，包包放在肩膀上，雙手自然抓住二側。

2 原地輕跳讓雙腳盡量向外打開，呈一個ㄇ字型，接著再輕跳讓雙腳併回站直。

練習次數：
來回 10 ～ 20 下
每次停留 2 ～ 3 秒

Kenny 的叮嚀

❶ 包包可以放在肩膀上，雙手不用刻意舉起，只要拉著不會掉落即可。

❷ 如果想讓大腿內側更有感覺，腳尖可以盡量向外打開，和身體呈一直線，拉緊的效果會更明顯。

❸ 每一個輕跳動作可以停留 2 ～ 3 秒，不需要急促的來回跳躍。

⑩ 專剋蘋果腰

功效

可以快速鍛鍊側腹肌肉線條，針對直桶腰、蘋果腰的人打造出腰部曲線。

體驗重點

身體呈拱型時，靠地板的側腹要明顯感覺到受力，才能鍛鍊到側腹。

1 仰躺地上，左腿屈膝踩穩，左手抱住包包，將包包放在左肩前胸上。右手向外伸直、手掌貼於地板。

2 吸氣，運用側腹肌肉抬起左上半身。
（不要用到右手和雙腿力量）

3 接著運用側腹腰力和大腿肌肉用力撐起使臀部離地，身體呈現拱型。

4 吐氣，臀部放回地板，接著上半身再躺回動作 ❶ 的位置。

練習次數：
左右換邊各 10 ～ 20 下

Kenny 的叮嚀

❶ 單肩起來時，另一肩膀不要太快跟著起來。

❷ 如果大腿肌肉過度痠，就是沒有用到腰部力量，只使用到腿部，這是錯誤的。

⑪ 解救游泳圈、啤酒肚

功效

❶ 快速燃燒腰、腹部脂肪，迅速緊實下腹與側腰，還可以改善身體協調性，而有些運動腹部時感受不到下腹出力的人，也很適合做此運動強化下腹肌肉。

❷ 做仰臥起坐時容易靠肩頸出力的人，也很適合用此動作代替仰臥起坐，功效一樣。

體驗重點

要感受到腰部出力而非手臂。

1 坐在地板上，雙腳屈膝保持身體平衡，身體稍微傾斜，不用坐直坐正。包包置於中間腿上、雙手抓住包包。

2 慢慢將包包拿起放到右邊地板上，停留一下再慢慢把包包放到左邊地板上。

3

Fenny 的叮嚀

❶ 如果覺得強度不夠，可以將上半身傾斜的角度拉大，但雙腳要踩穩在地板上不要浮起。

❷ 換邊的時候速度不要太快，手臂基本上是不動的，只有肩膀轉動。

❸ 如果動作過程覺得雙手很痠，就需要減輕包包重量，因為這樣就是鍛鍊到手臂而非腰部。

❹ 久坐如果臀部會痛的人，可以墊厚毛巾紓緩壓力。

練習次數：
來回 10 ～ 20 下

81

Chapter 4

20 年健身經驗

冠軍教練 **Kenny**
帶你上健身房！

健身房一日課程：

男生 減肥、練肌肉 · **女生** 燃脂塑身、馬甲線

1 小時 輕鬆搞懂 從生手變內行

很多人會去健身房運動，但大多數人到了健身房卻不知道怎麼運動！而且光是看到健身房裡一堆複雜又不知從何操作起的機器就傻眼了！

於是，許多人就會選擇上有氧、瑜珈、飛輪等課程。這些課程都很好，唯一的缺點就只是太單一了，而且有氧課程的重點在心肺有氧訓練，但若是想要線條更好，上這些課程可能效果很有限。

另外，還有一種是選擇上跑步機，跑步機是最像人體動作的器材，很容易上手、大家也最看得懂，但同樣也是很單一的運動。

運動應該要多元化，「有氧運動」是瘦身的一種，但對雕塑身材更有效的運動則是「肌力訓練」！這也就是為何健身房都要花大筆金錢投資重量訓練器材，因為透過肌力訓練可以達到很好的功效。

但因為大多數人都無法分辨和正確使用這些器材，自己去健身房時也不知道那些機器該如何使用？各有什麼功效？因此我特別為大家示範幾款有效又可以常常使用的器材，之後大家到健身房運動時，就不用太依賴跑步機、有氧課程了，還可以有更多不同的運動選擇。

來到健身房，一般來說會有有氧教室、心肺功能區、重量訓練區和伸展區。

心肺功能區的器材如跑步機、腳踏車、划步機等，各自有不同的功效。

跑步機最主要的功能是速度和坡度，大多數人都習慣快跑，但是跑步中的跳躍動作很容易傷到我們的膝蓋和腳踝，因此只要懂得善用跑步機的坡度變化，就可以達到更好的效果！

而如果你想更深層的鍛鍊大腿肌肉，又希望免去跳躍動作的傷害，划步機會是很好的選擇。

划步機的設計是讓人有彷彿在沙灘上跑步的感覺，所以腳會緊貼踏板而沒有跳躍動作，上方的握把則可以幫助分攤腿部力量，是對膝蓋比較好的運動方式。

而腳踏車有直立式與靠背式兩種。脊椎有問題或年長者建議使用靠背式。膝蓋受過傷的人，也建議以腳踏車運動較佳，因為坐姿時膝蓋不用負擔上半身重量，因此不會加重膝蓋的負擔。

至於「重量訓練區」，首先要先了解自己想訓練哪些部位？再針對最想改善的部位來選擇器材，才不會如大海撈針。

我建議整個流程應該是：先做「心肺有氧運動」10～15分鐘、再選擇需要的部位進行「重量訓練」10～15分鐘，視需要程度再決定是否做一次「心肺有氧運動」10～15分鐘，最後是「伸展」。

這個流程中較特別之處是在於，同樣是做「心肺有氧運動」30分鐘，但拆開成前、後來做，中間有適當的休息時間，一方面可以減少膝蓋負荷；二來中間的休息可影響神經系統而增強運動效果，比起連續做心肺有氧運動30分鐘的效果來得更好！

一定要知道的 6 件事：

01 無論是前段暖身或是後段有氧運動，可選擇的器材相當多樣，包括跑步機、腳踏車、划步機、登階機等，可依照喜好自由挑選，但需要留意循環的設計。

建議暖身做 1～2 個循環，也就是約 5～10 分鐘，別讓肌肉過熱；而有氧運動約 2～4 個循環，也就是約 10～20 分鐘，膝蓋關節比較可以得到紓緩，而不要一次消耗過度。

許多人習慣一次就踩腳踏車半小時、一小時，但是太長的時間對膝蓋是不好的、容易受傷，所以不要連續做太久，最好是做 10～15 分鐘就休息 5 分鐘，之後再做第二輪。

02 有關器材重量的設定，如果目標是要練大肌肉，則強度設定是以能做到 10～12 下為基準，但若是希望肌肉結實修長、雕塑肌肉線條，則強度設定是以能做到 20～30 下為基準。所以女生建議都是輕度、做 20 下為目標。

03 理論上，同一動作的運動組數為 3 組，即 3 個循環。但如果是初學者，只做 1 個循環也是可以的，只要讓肌肉有點痠即可。而隨著肌肉強度增加，當做 1 個循環不會痠的時候，就可以再加 1 個循環，循序漸進增加的效果更能持之以恆。

04 槓片重量的設定（槓片的數量代表強度），做第一組動作時，可以稍微輕一點，即使身體沒感覺也可以，因為目標是要驅動肌肉，第二、三組可以逐漸增加重量。

05 很多人常會問：運動時到底是要吸氣還是吐氣？
其實，只有腹部訓練時要特別留意，其他動作基本上只要不憋氣就可以。

06 針對剛起步的初學者，這樣一整套健身房課程預估在 1 小時內可以做完。暖身 10 分鐘、站立式伸展 5 分鐘、肌力訓練 20 分鐘、有氧運動 20 分鐘、坐姿伸展 5 分鐘。希望大家都能平均做到伸展、肌力訓練與有氧運動，不要只單純做某種類型。

超重要！ 「修飾線條、讓妳變美的 3 大入門器材」

至於大家都很在乎的線條問題，Kenny 建議女生若想雕塑馬甲線，可以優先選擇腰部旋轉機、仰臥起坐機、大腿內收外展機；男生若想練人魚線，可以選擇坐姿胸推機、滑輪下拉機、仰臥起坐機。

先從這 3 大入門器材著手，當練到一定成果時，再逐漸轉移到腰、臀、腿等部位的訓練，就可以輕鬆看見自己的運動成效！如果你只是每次練不同部位、使用不同器材，但沒有方法、不懂先後順序的重要，久了，在看不見明顯的成效之下，自然就會打擊你持續運動的信心。

健身房裡提供的各種運動都很好，只是每個人狀態不同，想要達到的運動成效也不同，如果能有客製化的運動流程會比較好。

以下，是我為大家設計的「健身房一日課程」（可以一天內做完），分成男生和女生版本，下次大家去健身房時，就不會茫無頭緒、毫無概念了。

女生一日課

幫妳**快速燃脂** ‧ **塑臀** ‧ **塑大腿**
緊實腹部 ‧ **打造馬甲線**
矯正駝背、O 型腿、X 型腿

注意:
開始做任何運動之前（包括健身房上機）
一定要先做「暖身」和「伸展」！

男女生天生構造和體能不一樣，所以在運動設計上也有一些區隔：

男生天生肌肉比例高、肌肉也比較硬，所以男生的運動，我建議多練高強度的，目的在增加肌肉量、促進雄性激素、提高性能力。

而女生的柔軟度較高，做伸展時會比較輕鬆。因此，建議女生做伸展時要多加強較弱的部位，而不是所有部位都需要停留一樣長的時間。例如已經能劈腿的人，就不要再花太長時間劈腿，而是去加強大腿外側、內側的訓練。

所以，女生的運動比較著重在中、低強度的，目的在雕塑線條、刺激生長激素分泌、延緩老化，用運動來達到讓女生回復青春和活力的目的。

A 暖身

划步機

1 上機後速度調至同平常跑步的速度，二手握住握把。

2 先以 0 坡度走 1 分鐘作為暖身，接下來每 1 分鐘強度增加 2，第 5 分鐘為最大強度，第 6 分鐘回到強度 0 重新開始循環。

以 5 分鐘為一個循環，做二個循環即可。步驟和方式跟男生跑步機動作一樣。

3 二個循環做完後將強度歸 0，以 1～2 分鐘的緩和運動作為結束。

Kenny 的叮嚀

❶ 划步機的原理，是模擬人在沙灘上跑步的樣子，所以動起來會覺得慢、有下沉感，並且要靠人的動作才能驅動機器，而不是由機器帶動。上機後開始試划，直到找到自己的速度才開始運動。

❷ 手握住握把可以幫忙推動，讓手腳交叉運動，尤其能加快上、下半身的交叉循環。

❸ 划步機最適合膝關節有問題的人，因為此器材運動過程中沒有跳躍動作，腳掌是完全緊貼踏板的。

緊貼踏板

B 伸展
站立式伸展

功效

伸展大肌肉、修飾肌肉線條、
幫助情緒穩定、促進血液循
環,避免抽筋。

1 雙手反扣掌心向上,手臂伸直,不動作
停留 10 ～ 15 秒。

上半身再分別向左、右斜,同樣是不動
作,各停留 10 ～ 15 秒。

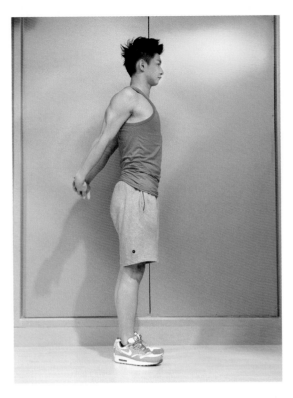 

2 雙手背後互扣、掌心向內，手臂伸直，
上抬停留 10 ～ 15 秒。

雙手反扣掌心向前，手臂伸直，
弓背，停留 10 ～ 15 秒。

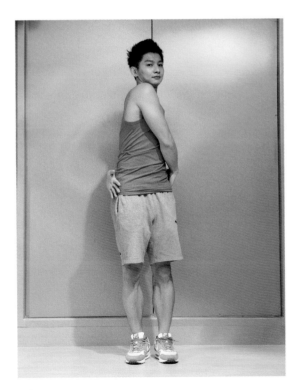 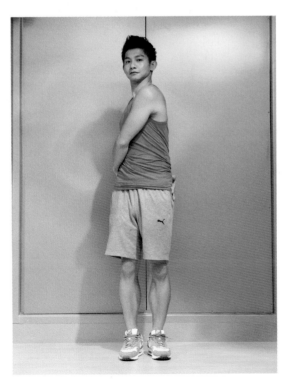

3 身體向左扭轉，左手順勢自背後繞到右側腰部，右手則放在左後腰，停留 10 ～ 15 秒
後，以同樣方式換邊動作。

4 右腳屈膝，左腳向外伸直，腳尖勾起、腳跟點地，重心放在右腳，伸展左腳後側，停留 10 ～ 15 秒後，以同樣方式換邊動作。

5 右腳站立，左腳向後勾起，右手抓住左腳腳尖並且向右側反折，伸展大腿斜側，停留 10 ～ 15 秒後，以同樣方式換邊動作。

C 肌力訓練

① 站姿滑輪下拉機

1 雙腳打開與肩同寬站穩，手肘彎曲 90°，握住拉繩。

2 雙手慢慢向下推至拉繩靠近髖骨，不停留，接著慢慢回到動作 **①** 的位置。

henny 的叮嚀

❶ 手肘要靠近身體，不要向外打開。

❷ 從側面看，動作過程只有動到肘關節，上手臂應保持不動，留意不要動到肩關節。

手肘貼緊

練習次數：
來回 10 ～ 20 次

91

❷ 站姿內收機

功效

消除大腿內側脂肪、矯正 O 型腿。

1 雙腳踩在踏板上，雙腿打開與肩同寬，上半身挺胸，雙手握住兩側握把，抬起左腳、小腿內側緊靠擋板。

Shenny 的叮嚀

左腿移動幅度以大腿內側有一點緊就可以，不要過度拉開。

不要過開

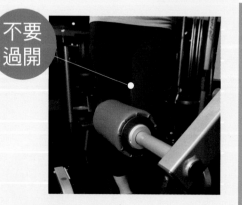

2 左腿慢慢向右方推進，直到超越右腳，不停留，接著慢慢回到動作 ❶ 的位置。

練習次數：
來回 10 ～ 20 次

❸ 坐姿外展機

1 雙腳踩在踏板上，膝蓋外側緊靠擋板，雙腿併攏，
上半身靠背坐穩，雙手握住兩側握把。

2 雙腿慢慢向外打開，直到大腿內側
有點緊，不停留，接著慢慢回到動
作 ❶ 的位置。

Kenny 的叮嚀

身體要挺直貼緊椅背。

貼緊
椅背

練習次數：
來回 10 ～ 20 次

❹ 坐姿大腿後勾機

鍛鍊大腿後側肌肉、有效矯正 X 型腿。

1 坐在墊上，膝蓋正好靠在護墊邊緣，兩腿伸直使圓形墊位於腳踝後側位置，雙手握住握把。

2 小腿慢慢向下彎曲，托墊棍順勢移至小腿後側，不停留，接著慢慢回到動作 ❶ 的位置。

練習次數：
來回 10 ～ 20 次

Kenny 的叮嚀

❶ 適當的座椅距離，注意器材的標示將膝關節對準。

❷ 剛開始練習時大腿後側可能比較無力，勾腿動作常變成小腿施力而沒練到大腿後側，因此建議剛開始時不要雙腿伸直至 180°，約在 130° 的彎曲狀態開始，較能正確施力。

膝關節對準紅點

⑤ 坐姿**腹部訓練機**

緊實腹部、延緩內臟脂肪的生成。

1 坐下，雙腳自然打開，座椅調至舒適自然的
狀態，雙手握住握把、雙手肘靠在護墊上。

2 腹部緊縮，雙手慢慢下拉、雙手肘
不離開護墊，不停留，接著慢慢回
到動作 ❶ 的位置。

henny 的叮嚀

❶ 腹部訓練機有多種形式，除了坐姿機，還有軀幹旋轉訓練機，
腹部伸張訓練機，舉腿腹部訓練架……等，都是一般人比較
會使用到的機種。

如果腹部力量不夠，躺臥做不起來的女生就可以選擇坐姿腹
部訓練機。另外，會擔心躺臥曝光的人也可以選擇坐姿機。

❷ 來回速度要平均，不要突然加快。

練習次數：
來回 10 ～ 20 次

❻ 跪姿側腹旋轉機

1 雙膝跪在板上，上方靠墊貼緊鎖骨、雙手抓住握把。

2 上半身固定，以腹部力量向外慢慢旋轉下半身接近 90°，不停留，接著慢慢回到動作 ❶ 的位置。

Kenny 的叮嚀

❶ 側腹旋轉機各廠牌設計不同，有以旋轉上半身為主的，也有以旋轉下半身為主的。

❷ 訓練腹部時要特別留意呼吸，腹部出力時要吐氣，回復時吸氣，因為只有在肚子裡沒有空氣時，腹部才能真正緊縮，也就是腹部最出力的時刻。

練習次數：
左右兩邊各轉 10 ～ 20 次

❼ 下背伸張機（又稱羅馬椅）

1

大腿貼緊護墊，雙腳踩穩、腳後跟緊靠托墊棍，雙手盡量貼近耳朵旁，向前平伸出去。

（注意：雙手可以盡量向前伸直，伸越直，則運動強度越高；雙手越彎，則強度越低。像圖片中的女生為了重心平衡選擇雙手交握靠在頭部，是初學者常見的穩定重心的方式，當然強度也較低。）

2

以胸椎為中心點，慢慢駝背彎下去，再慢慢挺胸抬起。

henny 的叮嚀

❶ 護墊調整至大腿前側，不要太靠近骨盆。

❷ 留意不要以髖關節為中心點，要以胸椎為中心點。

練習次數：
來回 10～20 次

D 有氧運動
腳踏車

功效

集中燃燒大腿和臀部脂肪、強化心臟功能、預防高血壓。

1 坐好後試踩速度,雙手握在兩側握把,讓 RPM 轉速控制在 40-60 之間。

2 先以強度 0 走 1 分鐘作為暖身,接下來每 1 分鐘強度增加 2,第 5 分鐘為最大強度,第 6 分鐘回到強度 0 重新開始循環。以 5 分鐘為一個循環,做四個循環即可。

3 四個循環做完後將強度歸 0,以 1～2 分鐘的緩和運動作為結束。

Kenny 的叮嚀

❶ 腳踏車有站立式和靠背式兩種。年紀較大或脊椎有問題的人,可選擇靠背式,因為這種姿勢可以減輕脊椎負擔。

❷ 坐上後,試踩踏板,留意腳伸直時不是完全打直,要有一點彎曲。

❸ 彎起時也不可以是完全緊縮。

❹ 最好的狀態是:踩踏的幅度不要太大。

E 全身性伸展

以上，所有動作都做完之後，最後再來一次全身性的伸展，因為這是一個維持肌肉長度與彈性的關鍵步驟！

很多人常忽略做運動後的伸展，尤其做完超負荷的訓練，伸展更是重要！建議練習時間至少約 5 ～ 10 分鐘。少了這個動作，前面練習的效果都會打折扣，所以平時也應該持續做伸展操。

當我們在運動時，肌肉是持續在收縮的，所以肌肉的長度就會維持在縮短的狀態，如果一直維持這種縮短的狀態，時間一久，肌肉的張力就會變得越來越小，也就是柔軟度就會跟著降低了。

全身性伸展需要在肌肉的溫度依然溫熱的情形下來做，因此所以我建議做完前面的運動之後由這個伸展操來收尾。

全身性伸展的方式最好採用靜態式伸展，避免彈振式伸展，也就是當肌肉緩慢拉長時，有感受到緊繃就可以，做的時候維持該部位關節角度與肌肉長度不變，約 10 ～ 30 秒。(瑜珈就是很棒的全身性伸展運動的代表)

而就算你是沒有做運動習慣的人，伸展操也能有效促進血液循環，加速乳酸代謝、消除疲勞，同時也避免這些物質堆積體內而導致抽筋、肌肉僵硬、肌肉痠痛等。如果你是辦公室長時間久坐的上班族，更需要養成每天做伸展操的習慣，讓它變成生活的一部分。

1 坐在地上，兩腿打開呈 90°，左腿向內盤起，右腳向外打直，腳尖勾起。身體向右腳前傾，雙手盡量伸向右腳腳尖，不動作停留 10 ～ 15 秒，感覺右大腿後側有伸展到即可。

2 繼續上一動作坐姿，右手放在左腰上，左手越過頭頂向右腳伸展，不動作停留 10 ～ 15 秒，感覺左腰部有伸展到即可。

3 換邊重複 ❶、❷ 步驟。

4 腳掌心相對盤坐，身體慢慢向前傾，盡可能讓膝蓋平放在地上，不動作停留 10 ～ 15 秒，感覺大腿後內側伸展到即可。

5 右腿向前打直，左腿盤放在右大腿上，靠近膝蓋，雙手向後撐地。

接著右膝蓋彎曲，右腿上抬直到靠近身體。不動作停留 10 ～ 15 秒，感覺左側臀部伸展到即可。

6 右腳打直，腳尖勾起，左腳跨過右腿在右側踩穩，左手向後撐地。

右手從左膝與身體間穿過，挺胸，不動作停留 10 ～ 15 秒，感覺左側腹伸展到即可。

7 換邊重複 ❺、❻ 步驟。

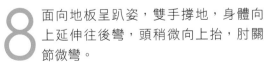

8 面向地板呈趴姿，雙手撐地，身體向上延伸往後彎，頭稍微向上抬，肘關節微彎。

如果脊椎比較不舒服或曾受過傷，只要用手肘撐地即可。不動作停留 10 ～ 15 秒。

9 雙手不動，撐起身體往後跪坐，雙手向前拉伸，不動作停留 10 ～ 15 秒。

10 平躺，右腳彎曲抓住小腿，不動作停留 10 ～ 15 秒，感受到右大腿後側伸展即可。

11 接著側身將彎曲的右腿橫過左腿，雙手向外水平伸展，不動作停留 10 ～ 15 秒，感受腰部伸展即可。

換邊重複 ⑩、⑪ 步驟。

Kenny 的叮嚀

❶ 伸展的時候腿部不需要完全的打直，千萬不要陷入「拉筋」的迷思，因為伸展是要伸展肌肉才對，是要運動肌肉而不是筋。

❷ 當運動後，肌肉疲勞了，很自然的會沒辦法完全伸直，所以運動後做全身性伸展有時候關節會微彎是 OK 的。

男生一日課

修飾胸型 · 雕塑肩、背線條
鍛鍊腹肌、三角肌 · 減重 · 減脂

注意：
開始做任何運動之前（包括健身房上機）
一定要先做「暖身」和「伸展」！

A 暖身

男生一般去健身房都比較少先做暖身，但暖身很重要，我建議可以從下面這二種簡單的暖身方式來選擇一種：

1. 跑步機快走：

建議以會流汗及稍微喘的強度來走，約 5 ～ 10 分鐘。

快走暖身，可以讓你全身的肌肉和骨骼都充分活絡，以避免出現運動傷害，但要避免強度過高、體溫過熱而導致疲倦感喔。

2. 重訓器材：

建議將器材的重量調整到最低強度，此重量是以可以一次連續推或拉 30 ～ 40 下的強度做 1 組。

用重訓器材來暖身，可以提高深層肌肉的溫度，讓身體處於暖和的狀態，如此一來就可以減少運動中可能發生的運動傷害，也可以讓運動的表現更好。

B 伸展

同 P. 88　女生篇 B 伸展　站立式伸展 ❶ ～ ❺。

C 肌力訓練

男生的肌力訓練建議從胸大肌開始。肌肉愈大,就像倉庫般能儲存愈多能量,也愈不容易疲勞。先做肌力訓練再做有氧運動,可以讓體內胰島素平衡。

鍛鍊肌肉時想要效果好,就要讓肌肉保持持續收縮,例如連續性動作 10 ～ 15 下,如果動作的角度過大,會變成做伸展,肌肉就會做一下休息一下,自然效果不會很明顯。

所以一般人剛開始做肌力訓練時,動作的幅度可以小一點,最重要的是要保持連貫性,而不要讓肌肉中間有休息的空檔。等感覺肌肉力量增加後,再慢慢增加幅度與強度。

練胸背時,常有學員覺得手臂很痠,卻不是胸部或背部的肌肉痠,這多半是因為動作的角度錯誤所致,一定要注意自己練習的角度,是否跟我在書上所教的一樣。

一般而言,男生若是想練出肌肉,器材的重量設定大約是強度的 70 ～ 80%,也就是大約做 10 ～ 12 下就會很痠的程度。

但若是想修飾線條,強度最好設定低一點,約做 20 ～ 30 下會痠的程度即可。

① 坐姿**胸推機**

1 雙腳打開平行，雙手握好握把，手肘彎曲 90°，平舉向兩側打開，使雙手成為ㄇ字型。

2 雙手平穩向前平推，推到底時肘關節不要完全鎖死，不停留，接著慢慢彎曲手肘回到動作 **1** 的位置。

練習次數：
來回 10 ～ 20 次

Kenny 的叮嚀

❶ 先調整座椅高度，使握把位於胸部的水平線。

❷ 退回時，注意手肘不可向後過度伸展使肘關節大於 90°，因為過度伸展就不是在鍛鍊胸部，因而會覺得手很痠而不是胸肌痠。

不可大於
90 度

② 坐姿向上推舉機

鍛鍊三角肌，並雕塑出寬闊厚實的肩膀，讓女生更有安全感。

男人沒有鍛鍊過的肩膀通常是向下傾斜，看起來會缺少男子氣概。

1 雙腳打開平行，雙手握好握把向上舉起，再向兩側打開，手肘呈 90°，使雙手成為凵字型，手臂保持與肩同高。

2 雙手平穩向上推舉，推到底時肘關節不要完全鎖死，不停留，接著手臂慢慢彎回到動作❶ 的位置。

Chenny 的叮嚀

❶ 先調整座椅高度，使雙手握著握把時手肘可以呈 90°。

❷ 注意手肘不可過度向下使肘關節小於 90°。

不可小於
90 度

練習次數：
來回 10 ～ 20 次

❸ 坐姿大腿伸張機

大腿緊實、改善鬆垮、提高基礎代謝、減肥不易復胖。

1 雙腳與肩同寬，雙腳置於圓形護墊下方，使膝關節呈 90°。

2 雙腳平穩向上踢抬，推到底時膝關節不要完全鎖死，不停留，接著慢慢放下腳回到動作 ❶ 的位置。

Kenny 的叮嚀

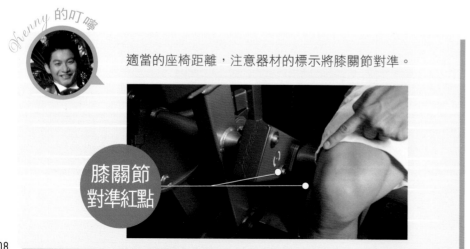

適當的座椅距離，注意器材的標示將膝關節對準。

膝關節
對準紅點

練習次數：
來回 10 ～ 20 次

④ 坐姿滑輪下拉機

1 預備動作先將橫桿拉到與額頭同高，雙腳打開，圓形護墊靠在大腿上。

2 如同擴胸動作般挺胸，雙手慢慢下拉，讓橫桿靠近胸口，不停留，接著慢慢回到動作 ❶ 的位置。

練習次數：
來回 10 ～ 20 次

Kenny 的叮嚀

❶ 圓形護墊的位置要靠近膝蓋處，如果太靠近身體就表示坐的位置太裡面，要調整一下座椅位置。

❷ 下拉時注意身體不要晃動，也不要跟著向後倒。退回動作 ❶ 的位置時，留意橫桿不要高過額頭。

❸ 下拉時要保持挺胸姿勢，切記不可駝背。

⑤ 平躺仰臥起坐機

1 身體平躺，雙手伸直，屈膝，雙腳踩穩圓形護墊。

2 腹部用力帶動上半身抬起，不停留，接著慢慢回到接近平躺，但不要完全平躺。

Kenny 的叮嚀

❶ 是用腹部力量帶動手臂。

❷ 回復時不要讓身體完全平躺下來，維持腹部用力的狀態，反覆上下小幅度運動的效果最佳。

練習次數：
來回 10 ～ 20 次

D 有氧運動

跑步機

1 上機後,速度先調到等同於我們平常走路的速度,一般約在 4-5 之間。

2 為了希望大家都習慣用走的,不要用跑的,所以我一開始就會把坡度調到 3,讓大家有走小上坡的感覺。

接下來第二分鐘坡度 6、第三分鐘 9、第四分鐘 12,這是最大坡度,到第五分鐘時可以把坡度調回 0,慢慢走,當結束後的緩衝。

之後可以開始重新循環,以 5 分鐘為一個循環,做二個循環即可。

3 二個循環做完後將速度減半、坡度歸 0,以 1~2 分鐘的慢走緩和運動作為結束。

Kenny 的叮嚀

❶ 不建議跑步、建議用快走的方式,因為跑步過程中會有跳躍,長期下來很容易造成膝蓋和腳踝受傷。

❷ 跑步機上都有設定好的課程與運動的參考數據,但我們運動消耗的最大值是出現在運動結束後,但此時機器已經停止無法測出,所以上面的數值作為參考即可。

❸ 跑步機停止後,記得要在跑步機上停留 10~15 秒,讓自己適應一下停止的感覺,就能避免立刻下機器後容易出現輕微暈眩的狀況。

E 全身性伸展
同 P. 99 女生篇 E 全身性伸展 站立式伸展 ❶~⓫。

Chapter 5

超級[瘦身冠軍]教練教你：

18 個 [減重塑身]·[健身保養]
極重要營養補充品和好用輔具！

——皮膚保養 · 腸道保養 · 肌肉保養
——關節保養 · 豐胸保養

瘦身後胸部更要 UPUP ！
減肥塑身有雙寶加強！
運動後要長肌肉、調養膚質！
平日要淡化皺紋、抗氧化、清腸道！
保護自己不受傷有專業道具！

保養做得好，給你明星般的好氣色、好身材！

只要一提到運動，大家就會聯想到流汗、跑跳、伸展、肌力、很健康……等等，但是幾乎沒有人會把保養跟運動連結在一起，總覺得保養歸保養、運動單純就是為了健康或減重。

其實，運動固然重要，但運動前、中、後的保養更重要！

保養得好，你會發覺自己不但變得更漂亮、氣色更好、皮膚更棒、身材線條也更好！甚至可能越來越年輕！而且也不容易因為運動傷害而造成反效果！所以，如果只是運動而不做保養，運動的效果就會打折扣。

在開始保養之前，首先你們要非常清楚一件事：不管是臉部的保養、腸道的保養或是肌肉的保養，都只是一種輔助和補強的工具，不可以取代運動和飲食。

例如，你平日沒在做運動而光是補充營養品酵素、B 群是 ok 的，但是它對身體的保健效果只有 30%，如果想依靠吃這些來減重或改善身體狀況，那是不可能的，要有效果，一定要搭配我們書中教的運動。

又例如，我們說喝高蛋白可以迅速補充優質蛋白質，但這不代表正餐可以不吃，因為蛋白質在體內的利用需要充足熱量做支援，若是因為不吃正餐而使體內熱量不足的話，會使蛋白質被燃燒產生熱量，不但沒有達到補充蛋白質的目的，反而因為要排除蛋白質所產生的廢物而使肝腎的負擔增加。

所以，我要介紹給你們的各種重要保養和保健知識，還是要跟運動和飲食一起搭配補充，才能達到最好的效果！

例如：當你運動瘦身進入停滯期時，酵素、B 群這一類的補充品就可以適時的幫助你盡快突破停滯狀態；而進行 7 日蔬果排毒時，也可以透過額外補充膳食纖維來達到應攝取的纖維量；當你從事戶外運動以致於皮膚變黑或是膚質變差時，只要善用好的面膜或是相關保養品，就可以有效改善；而運動後肌肉收縮導致僵硬時，也可以用一些道具來舒緩……

保養和運動都是要由內而外兼顧的！所以我不會像其他教練只教你們運動，而不告訴你們保養的知識，我會教你們如何吃對食物、補充好的營養品、調整體質、保護身體，讓運動和瘦身的效果更大、更好！畢竟，讓你擁有明星般的好氣色與好身材，才是我們運動的最終目的！

以下，我會介紹保養和保健的真正好物，希望大家都能擁有更亮麗、嶄新的自己。

「葡萄糖胺」

哪裡買？ tw.shop.com 購物網站

參考圖片

很多人上健身房時會選擇跳有氧運動和跑步，而不會去做重量訓練，但長期運動下來，膝關節會承受很大的壓力。事實上，即使不運動，每天走路也會耗損膝關節，但年輕的時候大多數人都不覺得有耗損，於是就常選擇有跑跳動作的運動，但是當你在做跳躍動作時，膝蓋所需承受的重量是平常的三倍，也就是說，如果體重 60 公斤的人，每一個跳躍動作加在膝蓋上的負荷就是 180 公斤！這也是為何長時間下來，總會看到有人左包一個膝蓋、右包一個膝蓋的原因。

要如何改善這個狀況？首先當然就是做肌力訓練，加強大腿周圍、前、中、後的肌肉去維護關節，但是當到達一定年紀後，膝蓋內的軟骨素等物質會慢慢流失，而愈來愈不靈活，所以有些人會去打玻尿酸，但最方便的其實是喝葡萄糖胺。

葡萄糖胺的功效，是保護膝蓋、讓它維持靈活度。但葡萄糖胺並不具有修復功能，也無法減緩退化，它只能舒緩疼痛的症狀，讓關節組織液較有飽和度。

葡萄糖胺其實正是軟骨素其中的一種成分，可以減緩軟骨素流失的狀況，但沒辦法讓軟骨素再生，所以平常就要好好保養關節，有運動習慣或是喜歡做有氧運動的人，尤其應該使用葡萄糖胺作為長期的保養之用。

市面上賣的，有分喝的葡萄糖胺與錠劑，喝的葡萄糖胺因為分子較小，吸收效果較快，所以比起錠劑的效果更佳。

「支鏈胺基酸」

哪裡買？ tw.shop.com 購物網站

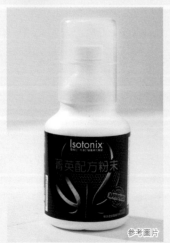

參考圖片

許多人在運動時常怕力量不夠、耐力不足，而擔心運動效果不佳。這時候，你可以補充支鏈胺基酸，能增加體力。

在運動前三十分鐘喝支鏈胺基酸，可以大大提昇運動效果。如果說高蛋白質是身體的原料，那支鏈胺基酸就像是工廠，可以幫助高蛋白質合成並長肌肉！所以運動前補充支鏈胺基酸，運動後再吃高蛋白食物，則在肌肉刺激增長的情況下，高蛋白質的吸收效果也能提升，同時能增加代謝的速度。

所有人在運動前都可以補充支鏈胺基酸，若是特別想增加代謝、維持肌肉正常生理作用，則更需要喝支鏈胺基酸。

支鏈胺基酸如果搭配 B 群一起服用，吸收效果更佳，但市面上的支鏈胺基酸有許多並未含 B 群成分，所以選擇支鏈胺基酸時記得詳閱成分，並記得添購 B 群。

「高蛋白奶粉」

哪裡買？ tw.shop.com 購物網站

參考圖片

大家都知道運動完後要補充優質蛋白質，是幫助肌肉合成的好時機。但有時候吃優質蛋白質食物會有太油、重口味或是怕烤焦等料理上的問題，因此選擇喝高蛋白奶粉是一種很便利的替代方式，可以迅速補充人體所需要的蛋白質。

喝高蛋白奶粉雖然可以讓運動效果加強，但重點是必須在運動後才可飲用，千萬不要當成蛋白質食物的替代品，更不要沒事就喝一些！因為我們每天從食物中就會攝取足夠的蛋白質，若是刻意多喝高蛋白奶粉有可能導致腎臟負擔過大，形成尿蛋白的危險。

所以要特別提醒大家，年紀越大或沒有運動的人，平常從飲食中攝取的蛋白質應該就足夠了，請不要額外補充高蛋白奶粉。再者，高蛋白奶粉不可做為正餐、不可取代正餐，只有在長時間無法正常吃飯的情況下可以應急喝一些，但大多數時候就是當成運動後的點心。

在挑選高蛋白奶粉時，最好選擇內含膳食纖維的，而且膳食纖維含量每 100 克一定要有 6 克以上是最好的。雖然廠商會有建議的沖泡份量，但因為我們平常就會吃到蛋白質，所以在沖泡時可以適度減少高蛋白奶粉量。

此外，若有喝高蛋白奶粉時，最好喝完接著就要多喝一些水，因為雖然我們減少高蛋白奶粉量，但沖泡太過稀釋並不好喝，所以在喝完高蛋白奶粉後記得多補充一些水稀釋，腎臟才不會負擔過重。

「平泰秀」

哪裡買？ tw.shop.com 購物網站

參考圖片

身為男生，我其實從小到大都認為男生就該黝黑、粗獷，所以皮膚糟一點是很正常的，不需要像女生一樣擦保養品。所以我一開始使用平泰秀，是用來擦以前受過傷的疤痕，後來就開始慢慢習慣使用一些保養品。

平泰秀的主要成份有五元胜肽、六元胜肽跟彈力蛋白胜肽等，由於胜肽是要持續使用才能維持效果，淡化皺紋與細紋，因此建議大家塑身一開始、尚未明顯瘦下來的時候就要開始用，因為它不是藥物，不可能短時間看到效果，而是需要經過一段時間去慢慢改善。

一般而言，有認真使用的話，大約幾個月就可以看見明顯改善。但如果想要效果更好，在使用平泰秀之前，記得要先用化妝水、精華液等保養品，可以產生加強吸收的作用。

我後來還發現，以往做重量訓練時手上都會長繭，但是自從開始擦平泰秀之後，我的雙手膚質改善、變光滑囉，幾乎看不出來是有在做重量訓練的手。同樣的道理，如果臉部有認真保養的話，相信你們會慢慢看見它對臉部肌膚的改善效果。

「胸部 UPUP：美妍配方」

哪裡買？ tw.shop.com 購物網站

很多女生都擔心運動健身後，身體可能變瘦了，但胸部也縮水了！

其實胸部會不會因為經常運動而縮水，要看妳做的是哪一類運動？以及妳運動的方式，有時候確實有這種可能。

像是有氧運動（例如跑步）就比較容易造成胸部縮水，因為有氧運動燃燒脂肪很快，所以有很多瘦身運動都是靠有氧運動來達到減少脂肪的效果，但是問題也因此而出現了！由於女性的乳房組織結構有 1／4 是由脂肪構成的，所以當你想藉由有氧運動來達到減脂的效果，不可避免的，罩杯也就很容易隨之而縮水了！

我有一個學員楊甯（Tanya，後來成為我的助教）就有過這樣的經驗，她說自己在還沒健身前罩杯是 D，健身之後雖然有練出心目中的馬甲線，但卻發現她的罩杯也由 D 一下子掉到 B！讓她都快要崩潰了。

她後來每天都喝營養品，再加上平日盡量多補充蛋白質、多吃魚肉和豆漿，不知不覺中，她原本的 D 又回來了！

而楊甯的健身和豐胸的故事，還曾經登上蘋果日報的運動版呢，如果妳也很擔心這個問題，她的經驗倒是可以提供給妳們參考。

營養品的建議：

美妍配方（葡萄籽、松樹皮、紅酒萃取精華粉末，注意要選擇內含橄欖萃取物的，因為這樣才能讓我們體內的膠原蛋白減少流失），再加上**白藜蘆醇**（紅酒多酚類（類黃酮）及白藜蘆醇。原花色素是類黃酮複合物，對健康大有益處。結合原花色素及白藜蘆醇，以促進第二期代謝作用酵素，這些酵素可以刺激和活化女生的重要生理作用。）二種一起喝，每天喝 3 次。

「體重管理雙寶 1 B群」

哪裡買？ tw.shop.com 購物網站

參考圖片

大家都知道維生素B群可以用來提神，但很多人卻不清楚服用維生素B群的時間與方法，導致想要提神卻沒有提神、想要瘦身卻更加肥胖！這不僅是沒有成效，而且也是浪費錢的行為。

首先，第一個觀念就是：空腹時吃維生素B群可以提神，但飯後吃維生素B群是幫助營養吸收；第二個觀念是：用喝的維生素B群效果優於錠劑。

從這二個觀念，我們可以知道若是想要體重管理的人，就要在飯前喝維生素B群，一方面可以提神、增加代謝，二方面它會幫助喚醒神經系統。當你的神經系統越快樂活躍，你就會瘦的越快！所以維生素B群又叫快樂維他命。但若是你想增加營養吸收，就要在飯後喝維生素B群，通常效果也非常顯著。

維生素B群錠劑是最常見的產品，但錠劑吸收率只有10%～20%，所以它必須挑選愈高單位的才會吸收到足夠的量。但相反的，喝的維生素B群吸收率高達9成，而且分子小、吸收快，當錠劑吃下去往往要40分鐘至4小時才有作用時，喝的只要5～10分鐘。所以當我們精神不佳時，喝一瓶蠻牛就可以馬上有精神，就是這個道理。

維生素B群是水溶性的維生素，隨著時間會被皮膚汗腺給蒸發掉，所以大約4小時就會消耗了，因此如果想要白天精神好，可以在早飯、午餐前喝維生素B群，中間有4小時以上的間隔就可以，但晚上怕會睡不著，所以不要在晚上吃。

「體重管理雙寶 2 酵素」

哪裡買？ tw.shop.com 購物網站

參考圖片

酵素的功用有二種：一是飯前空腹喝可以幫助增重；二是飯後喝可以幫忙分解食物裡的脂肪，達到「體重管理」的效果。

酵素有很多種，每種都有它的功用，例如有些人吃麵包容易脹氣，這時候喝些酵素可以幫助消脹氣；如果吃壞肚子、覺得肚子非常痛，趕快喝些酵素也有舒緩疼痛的作用。

我最常喝酵素的時候，通常是在吃完晚餐或宵夜之後，因為晚餐和宵夜幾乎50%以上都會被我們身體囤積起來。

之所以會囤積的原因，是因為正常來說食物要咬30下、咬到爛才會好消化，但我們通常是咬不到5下就吞下去了，所以進入胃裡面的食物分子就需要更多時間分解，但晚餐或宵夜可能吃完沒多久就睡了，消化時間不夠久，因此容易被囤積。

長期下來，就會造成腸胃負擔，而酵素它可以幫忙分解食物，分子越小就越不容易卡在腸道，所以也越不容易便秘，所以我們才會說酵素可以幫忙維持消化道機能。

「膳食纖維」

哪裡買？ tw.shop.com 購物網站

NutriClean™
Advanced Fiber Powder
先進纖維粉

營養補充食品 341.6公克

參考圖片

我一再強調進食順序要先從蔬菜、水果開始吃，最重要的原因就是它們富含大量的膳食纖維，而我們腸道的蠕動就是靠膳食纖維。

但有時候我們從食物中攝取的膳食纖維量不足時，容易導致便秘，這時候除了要多喝水之外，也可以額外補充膳食纖維，尤其是膳食纖維裡面有麩醯胺酸成分的效果會更好，因為麩醯胺酸可以幫助膳食纖維促進腸道蠕動功能更正常、順暢。

額外補充膳食纖維通常會是在二種情況下：一是平常膳食纖維不足，就要選在點心的時候補充，切記不要在正餐時間！以免過多的膳食纖維會把營養素帶走。這也就是為何建議減重時不能光吃燙青菜，因為營養素不足臉色就會很差。

另一種情況是：如果吃了許多破戒的食物就要馬上喝！可以幫助腸胃蠕動快一點，做一些補救。

前面提到的酵素只是分解食物、讓分子變小而比較不容易囤積，但你在「破戒日」時喝膳食纖維較快！而且喝的量基本上沒有設限，是救急時候的重要利器。

通常遇到減肥停滯期時，膳食纖維也是一個突破的工具，尤其在進行 7 日蔬果排毒時，因為可能吃不到 7 天期間所需要的大量膳食纖維，所以可以額外補充。

「Q10」

哪裡買？ tw.shop.com 購物網站

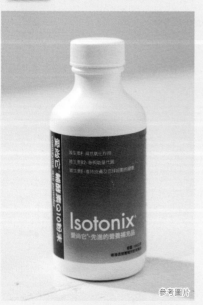

Isotonix®
愛尚它®·先進的營養補充品

參考圖片

大多數人對 Q10 的認知，是美白或膠原蛋白，但其實它的作用是可以刺激細胞粒腺體。

身體上有最多細胞粒腺體的地方就是心臟，這是一個很簡單的邏輯，因為心臟是人體的根本，當心臟功能變好、氣血流動也會比較順暢，代謝也會跟著變好，於是身體代謝廢物的機能增強，這時候皮膚狀況就會跟著改善！所以 Q10 具抗氧化的作用，有助於減少自由基的產生，增進皮膚與血球細胞的健康。

「保濕面膜」

3D 魔法星采
生物纖維面膜

哪裡買？

各大藥妝店
網路
百貨公司專櫃
部分醫美診所

身為世界知名面膜王國，大家都知道面膜的功效，因為分子較小，皮膚在吸收養分時效果較好，可以達到光滑提亮、減少皺紋的作用，看起來也會更年輕。

因為常運動怕曬黑，加上運動時我們臉部都會過度用力，容易緊繃、產生皺紋，所以可以多敷一些保濕度高或是抗皺的面膜、精華液……等，像我教課時表情太多，就非常需要。

使用面膜時記得要先上過化妝水再敷，而且最多敷 15 分鐘就要拿下來，因為時間過久反而會將毛細孔內的水分與養分倒吸回去，有些人以為敷久一點可以吸收更多，於是整夜敷著面膜睡覺，這樣反而會有反效果。

但市面上面膜百百種，要如何判斷哪種面膜比較好呢？建議可以多看一下面膜的成份，若希望達到光滑提亮、減少皺紋的效果，建議要選擇主要成分含有燕麥酵母葡聚醣（β-葡聚醣）、γ-PGA、玻尿酸、五胜肽、甜杏仁精華、Pentacare-Na……等這幾種成分的面膜，因為這些成分都具有高度保濕、抗老化的效果，所以有助撫平皺紋，維持肌膚光滑。

一般有運動習慣的人大約每週敷面膜 2～3 次，但如果有從事戶外運動的人，在運動後就敷面膜，可以幫助皮膚盡快恢復。但是要特別留意：不可在皮膚有受傷的情況下使用，例如曬傷時就不能使用面膜。

「化妝水」

哪裡買？ tw.shop.com 購物網站

參考圖片

夏天時皮膚常常會出油，許多人習慣用清水不斷洗臉，但因為水中含氯，會洗掉表皮的保護層，所以常洗反而不好。比較好的做法應該是在臉上噴一噴化妝水，不只可以使臉部保持濕潤，皮膚也會看起來比較透亮、氣色好。如果是上班族長時間吹冷氣導致皮膚缺水時，也可以噴化妝水加以保溼。

基本上使用哪個品牌都可以，只是要特別留意成分，不要買到純水或礦泉水噴霧，因為如果你習慣了時常用水噴臉，不但會傷害皮膚的天然保護層，而且一旦停止這種習慣，皮膚會感覺非常不舒服，甚至會有脫皮現象。

為什麼推薦這款化妝水來噴臉補充水分呢？因為它含乳酸鈉、水解黏多醣體，除了保濕，還可以使皮膚滋潤和嬌嫩，能有效讓皮膚維持良好狀態、並且幫助皮膚調理酸鹼值，所以一定要化妝水的效果才會好。

「緊膚凝露」

哪裡買？ tw.shop.com 購物網站

參考圖片

緊膚凝露可說是腹部急救用。

對運動的人而言，腹部就像是我們的另一張臉，緊膚凝露能夠給予皮膚平衡與緊緻感，讓你看起來更年輕。它所含活性成分的共同作用能使皮膚光滑、補充水分。

緊膚凝露配方含有天然生成的甘油，能平衡皮膚水分以達到保濕，此作用能使皮膚觸感更光滑柔嫩。

緊膚凝露具有高保溼度，能夠維持皮膚的保水度與緊實感，但它只是作為短時間要展現線條時救急用的，並沒有消除脂肪的功效，所以如果你平時要拍照、去海邊玩……之類的，都可以使用緊膚凝露。

此外，當我們在練馬甲線、人魚線時，剛開始練出來的線條總是若有似無，這時候我都會推薦學員使用緊膚凝露，因為一擦上去輕鬆達到皮膚的平衡，回復緊實，這時候你就會信心大增，能持續練下去而不會因為成果不明顯而沮喪放棄。

「助曬劑」

好看的膚色人人愛，東方女生偏愛白皙透亮的皮膚，但男生可就不適合這麼白了。事實上，在西方國家也比較偏愛小麥色或古銅色的肌膚，但是想要曬出一身漂亮的小麥色或古銅色並不容易，一來是因為長時間曬太陽容易曬傷；二來是曬出來的膚色常是暗沉偏黑，並不如想像中的漂亮。

哪裡買？

力屋國際：
http://www.power-house.
com.tw/

售價約
1000 ～ 1500 元

不說你不知道，外國人曬出一身漂亮肌膚是有秘訣的，那就是要使用助曬劑。助曬劑本身具有防曬傷功能，再加上一些顏色，就能讓你曬出均勻漂亮的膚色。

台灣夏天的太陽太毒辣，別說騎車族，往往就連一般搭車族手臂也難免曬出兩截顏色，但是曬曬太陽是有好處的，它可以幫助皮下脂肪轉換成維生素 D，但一定要曬足 15 分鐘才有用，而且要選在清晨或黃昏時曬太陽，以避免紫外線的傷害，千萬別選在中午日正當中時曬太陽。

大多數人會使用防曬產品避免曬黑，但若是已經曬出二截顏色，用防曬產品就沒有用了，反而該用助曬劑去幫助膚色盡快均勻，以解決膚色不均的危機。

所以男生如果喜歡穿背心或短袖，外出時可以先噴一下，以避免曬出二截顏色。即使是不想曬成小麥色的人，助曬劑也有淺色可以選擇，而且顏色不易消褪，是有效曬出自己喜歡膚色的好方法。

「運動按摩訓練滾筒」

哪裡買？ 信捷國際（**F1 Recreation Taiwan**）
售價約 1500 元

每個人運動後都會覺得疲勞，這是因為運動後肌肉會縮成一團，因此只有讓肌肉鬆弛才能恢復，所以我們在運動後要做伸展、適度按摩或是熱敷都是同樣的道理。

由於肌肉會糾結成一塊塊，因此若能適當按摩使其鬆開，就能盡快恢復疲勞，而這款運動按摩訓練滾筒就是如擀麵棍般將緊縮肌肉擀開用的。

運動按摩訓練滾筒的優點就在於可以自己按摩自己、隨時都可以按摩痠痛的肌肉，它是針對大面積肌肉按摩需要來使用的，因此可針對肌肉筋膜去做放鬆。

使用運動按摩訓練滾筒的方式，是將滾筒放在地上或靠牆，抵住需要按摩的部位，將身體重量盡量放在滾筒上，接著以小角度前後移動身體，大約來回按摩 10～20 下後，再逐漸移到到其他部位。因為按摩時身體要適度加壓在滾筒上才有效果，因此雙手要協助撐地，或輔助加壓於滾筒，才能真正達到按摩的效果。

剛滾的時候會有痠痛感覺，但通常隔天就能恢復得很快，所以在運動完後的舒緩時就可以使用，是相當簡易的放鬆道具。只是有些放鬆方式可能手臂需要出力，例如放鬆大腿前側的動作，就如同擀麵一樣將滾筒放在大腿上滾動，有時按摩完腿部手臂也跟著痠了，因此，若是能兩個人一起運動後使用滾筒互相按摩就更好了，一方面有人幫忙滾會更舒服一點，再者也比較能真正達到放鬆效果。

使用運動按摩訓練滾筒還有一個功效，就是將原本一塊塊糾結的肌肉擀開後，肌肉線條會更加平衡而好看許多。關於它的使用方法，網路上有許多圖解教學，大家可以上網參考：

http://www.f1-recreation.com.tw/
prodDetail.asp?id=439

http://www.f1-recreation.com.tw/
prodDetail.asp?id=394

「運動 Tape」

哪裡買？

http://www.kinesio.
com.tw/howto.asp

或 各大體育用品店

售價約
100～300 元

近年來愈來愈常在健身房中看到有人身上貼著一條條藍色、紅色的膠帶。貼法很特別，而且顏色很鮮豔，這就是運動員常用的運動膠帶。

運動膠帶的功用，是在大量運動時用以防止肌肉損傷，做為暫時性代替肌肉之用。

所謂暫時性，就是只有在需要大量使用時，為了避免再度傷害原本已經有點不適的肌肉，所以使用運動膠帶來控制關節的活動範圍，達到保護作用。

最常使用的人就是運動員，因為他們運動量大，所以受傷的機率也比較高，但現在有許多人長時間使用身體單一部位，例如手腕使用滑鼠久了，就會有腕隧道症候群；打網球、籃球等運動常使用單邊，而容易扭傷或痠痛，這時候就可以用運動膠帶貼在痠痛扭傷部位，就會像是多出一片肌肉般可

以保護原本的肌肉。因此，當你運動超過2小時、或是進行激烈或單邊運動時，建議都可以使用運動膠帶以防止損傷。因為要有效輔助肌肉，因此需要特別注意貼法。

一般而言是順著關節的角度和肌肉走向貼。最好能請教專業人士並了解使用方式，如果去健身房時可以請教教練使用方法。基本上，除非是特殊關節，不然一般常見的手腕、膝蓋等地方的貼法，都是很容易記住且上手的。

運動膠帶還有一個功效，就是在受傷的時候，它就像是多角度的護具一樣，是用完就可以丟棄的便利型。那為什麼我們要選擇運動膠帶而不是護具呢？因為大多數護具是有彈性的，但用久了護具的彈性也會疲乏，原本的保護功能也就比較差了。所以這種單次使用、溼了就可以換掉的運動膠帶，相較之下更好用。

在一般性運動下，運動膠帶可以貼4個小時，但如果是激烈運動例如跳有氧課程，則可能1小時就要換掉了，職業籃球員甚至20分鐘就要重貼一次。必須特別注意的是，沒運動時千萬不要貼，因為這會導致身體原本的肌肉喪失功能，千萬要記住！

關於它的貼法，網路上都有清楚的教學，大家可以上網查詢： **http://www.kinesio.com.tw/howto.asp**

「運動心率錶」

一般人運動的時候常會以「有沒有很喘、流汗」做為有無運動效果的依據，但事實際，若你有聽過「333運動」：每週運動3次，每次運動30分鐘、每分鐘心跳130，那就會知道心跳率和運動時間才是關鍵。

但問題是，要如何知道自己的心跳率呢？大多數人是靠跑步機、腳踏車上的感應片去測量，但是你會發現，有時候感應片並不如想像中的靈敏，也好像不太準確，所以最好的方式還是在運動時配戴運動心率錶，隨時監看運動的成效。

市面上的運動心率錶價格落差很大，便宜的四、五千元，貴的甚至二、三萬元，當然越貴的功能性越強，但基本款的也有紀錄功能，可以得知燃燒多少熱量、運動強度夠不夠等。

大家都知道越年輕所容許的心跳數越高，但不表示越高越好，相反地，心跳率過高會容易受傷且導致老化，因此有了心跳錶就可以監控心跳的高低。而我們要如何知道自己的心跳率呢？心跳率計算公式如下：

1 最大心跳率（次/分）＝ 220 － 年齡

2 運動時最低心跳率（次/分）＝（最大心跳率－安靜心跳率）✕ 0.65 ＋安靜心跳率（安靜心跳率：自己量心跳一分鐘）

3 運動時最高心跳率（次/分）＝（最大心跳率－安靜心跳率）✕ 0.85 ＋安靜心跳率

一般而言，身體有特殊疾病的人，在運動時最好要配戴心率錶，以清楚監控自己的身體狀況，預防發生危險，再者才是要記錄運動效果的人。

「冰熱敷雙效水袋」

哪裡買？ GOHAPPY 快樂購物網 售價約 199 元

大家都知道，受傷時除了止血之外，最重要的就是要冰敷！因為冰敷可以使血管收縮、肌肉收縮、發炎減緩，而使疼痛減輕，在扭傷等急性傷害時可以有效使後續傷害降到最低。至於熱敷，最主要的作用則是幫助受傷部位加速循環，以使復原速度加快。

所以在運動時如有撞到、拉傷、挫傷時都是盡快冰敷。通常冰敷 20 分鐘後要休息 10 分鐘以避免肌肉凍傷。以此循環一直冰到受傷部位不再紅腫發熱時才可以熱敷，所以有時可能要冰敷 2～3 天才行。熱敷通常沒有時間限制，但注意不要過熱以免燙傷。

熱敷可以加速循環、幫助肌肉加快修復，因此即使不是受傷後的復原，一般運動後的疲勞也可以用熱敷幫助消除疲勞，通常熱敷一下可以發現關節靈活度明顯變好。

但若是有連續幾天參與運動比賽，當隔天還要運動時，就千萬不要熱敷，而是要冰敷！因為運動狀態下肌肉是收縮的，冰敷同樣有收縮作用，若是熱敷會使肌肉鬆弛，隔天的運動效力就會變低。

因此重要的比賽或運動時，可以透過冰敷來維持運動的效果；若是從事高強度運動，例如投手在短時間內大量運用手臂而造成關節過熱，這時候運動完要馬上冰敷直到消腫。

常見的冰熱敷雙效水袋有二種，一種是以填入冰塊或熱水的水袋；另一種是靠化學原理的冷熱敷墊。一般運動員會使用加冰塊或熱水的水袋，因為使用上最快速；至於冷熱敷墊因為冰敷前需放入冰箱冷凍 2～4 小時才可使用，因此多為一般家庭備用，以便利性為主。

「運動緊身衣」

哪裡買？ 各大體育用品店（因品牌不同有價位差異） 售價平均約 700～1500 元

如果有從事戶外運動習慣的人，都很知道運動緊身衣的功效，這種運動緊身衣俗稱「排汗衣」。顧名思義，它有排汗的效果，風吹來身上的流汗很容易就蒸發了，所以不會一直有濕濕黏黏的問題。

此外，如果讓太陽直接曬到皮膚和隔著一層運動緊身衣，兩者相較，皮膚溫度大約會相差 2℃以上，因此穿著長袖式運動緊身衣可以有效降低身體溫度。

再來，除了排汗之外，貼合的緊身衣還可以鎖住肌肉的鬆緊度，因此體力也比較不容易流失。

以男生而言，選擇運動緊身衣以長袖最佳，因為它能拉提全身肌肉，對

修飾身形很有幫助，當然若是在室內，也可選擇短袖。至於女生在挑選運動緊身衣時，要特別注意要選有罩杯的，無論一般上衣式或兩截式都相同。若是可以的話，在室內運動可選兩截式，因為能夠更清楚看見身材的缺點。

在挑選運動緊身衣時，有幾個重點提醒大家：

1 千萬不要因為身材不好或是為了通風而選大一號的運動緊身衣。運動緊身衣就是要穿合身，才可以有良好的提拉肌肉效果，且幫助肌肉較不易疲勞，所以購買時一定要試穿。

2 長袖比短袖好，因為輔助面積越多，肌肉越不容易疲勞。

3 只要選擇有品牌的運動緊身衣，材質幾乎大同小異。

4 所有運動都可以穿，而且真正的運動員幾乎一年四季都在穿。當然夏天可以穿薄一點，冬天穿厚一點。

夏天時排汗快，感覺比較涼爽；至於冬天，它可以幫助肌肉導熱，所以熱身會比較快，身體溫度也比較能維持。

常看到許多戶外慢跑的人，會選擇穿著短褲、背心，覺得比較通風，但實際上，穿長袖運動緊身衣一來不會直接曬到太陽，身體溫度較低；二來穿長袖的流汗可以迅速蒸發，不用一直擦汗更是方便，所以非常推薦大家選擇運動緊身衣。

長袖
緊身衣

（美安台灣公司獨立經銷商：林肯尼體適能有限公司提供）

好用運動輔具介紹。

「小彈力球」

小彈力球也是常出現在運動中的輔助器材，尤其當我們在做動作時常會有不自覺的錯誤姿勢，適時加入小彈力球可以輕鬆矯正錯誤姿勢，同時具有輔助運動的效果。

例如：我們雙手伸直拉彈力繩時，有時手會不自覺彎曲，這時候就可以把小彈力球夾在雙手中間，很自然地就會使雙手完全伸直，這時候再去做做動作，就不會用力到錯誤的部位了！

還有，像在做大腿往後側抬時，如果膝蓋後側夾著一顆小球，很自然地腳就不會不小心伸直了。或是做仰臥起坐時，當你無法順利起身時，可以把小彈力球墊在腰部，就好像有個人在背後幫你推一下，原本做不起來的動作就能順利許多。

尤其當學員學習一個新的動作時，常會找不到正確的施力方式與動作角度，這時候 Kenny 都會以小彈力球輔助，學員就可以很輕鬆找到正確的角度和方式，而且避免錯誤動作造成受傷。

其實大、小彈力球都有這樣的功效，但因為小彈力球攜帶和灌氣都更方便，所以無論是居家或外出都很好使用。

購買時避免挑選表面有一顆顆凸起物的彈力球，因為在接觸皮膚時並不舒適，光滑表面的彈力球會比較適合；使用時也要先用腳踩踩看，試試它的彈性，確認它的彈性是正常的再使用。

「加厚瑜珈墊」

做地板運動時，有墊瑜珈墊不僅會比較舒服、也不容易受傷，但是市面上瑜珈墊的厚度多半是 4 ～ 5mm，比較薄，因此當你跪久了膝蓋會痛，坐久了臀部也不舒服。所以我建議選擇 8mm 偏厚的瑜珈墊。

厚一點的瑜珈墊最主要的功用就是防止疼痛、受傷，其次是在做動作時可以保護關節。有人會說，8mm 不就是兩張4mm 疊在一起即可？但從嚴格的安全角度來看，墊兩層容易會有站立時滑倒或瑜珈墊位移的危險，所以盡可能避免！

至於 10mm 之類更厚的瑜珈墊，因為厚度會導致站立時腳沒辦法完全踩穩，所以也同樣有安全上的顧慮，因此建議還是適當加厚即可。

「Fighting Bag 戰鬥包」

　　所謂 Fighting Bag 戰鬥包，就是一個讓我們隨時可以跟脂肪戰鬥用的包包，只要隨身帶一個每天出門都要用的包包，就可以進行全方位的運動，它的高變化性讓戰鬥包運動非常有趣而實用。

　　一個標準規格的 Fighting Bag 戰鬥包近似於旅行袋，要有側揹肩帶和手提把。但如果你不習慣帶這麼大的包包，或是覺得旅行袋太隨性，那也可以尋找喜歡的款式，唯獨記得至少一定要有可以調整長度的側揹帶、包包裡面的空間要能裝 2、3 瓶礦泉水才可以。

　　我建議 Fighting Bag 戰鬥包的重量大約 1～5 公斤，也就是說，除了日常用品外，再加上一瓶 1 公升礦泉水，就可以隨時和脂肪戰鬥了！

Chapter 6

[多吃才是王道!]
吃越多,代謝越強、瘦越快!

要減肥塑身,也要口腹大滿足!

[真正的外食專家] 教你：
掌握 7大 重點、 3個 關鍵
8大外食 隨你吃！

我 懶 · 我 不會 · 我 不想 在家自己煮　外食＝發胖 ?!
──[外食瘦身餐] 天天吃，12 週照樣 瘦一大圈！

很多瘦身書都喜歡教讀者自己在家裡煮「瘦身餐」，好像唯有透過自己煮，才能控制好攝取到的都是健康又不發胖的食物！而只要出去吃外食、大吃美食，就是很罪惡又鐵定會變胖的一件事情！

其實哪有這麼可怕！看 Kenny 教練我就知道了，我就是標準的外食族，我也是由胖到瘦，我不但都是吃外面，而且還什麼都吃，還很喜歡跟一堆朋友到處去吃美食，尤其我特別愛吃甜點！而我的「瘦身餐」就是從這些外食中來挑選的，你們相信嗎？

所以，我不想跟其他瘦身書一樣教你們一定要在家裡煮什麼「瘦身餐」，因為我一直強調，減肥是越自然越好、越能融入日常生活習慣越重要！

只有依照你們的生活習慣來做，減重瘦身才能持久、才會有效，包括運動和飲食控制都一樣！如果你一直都是標準的外食族，那就不要刻意勉強自己在家裡煮菜，就依照你的生活習慣，該怎麼吃、就怎麼吃。

但是外食族最大的困擾就是：常常找不到適合吃「瘦身餐」的餐廳，只能在有限的選擇之下妥協。所以，為了讓外食族也能做好飲食控制，我的建議是不要想著一定要做到滿分，能做到 60 分就可以了！這才是人應該要過的正常生活，不然如果硬要強迫自己吃生菜沙拉三個月來減重，

辛苦堅持卻不開心，不但會有不好的副作用，最後還是有可能很快復胖！

那麼，外食族如果想要執行減重計畫，他到底該如何執行飲食控制呢？所謂的「瘦身餐」不是一向都跟外食互相牴觸的嗎？難道光靠吃外食也能成功減重塑身？！

後面我會開始介紹外食族到底可以怎麼挑選他的「瘦身餐」，但是在這之前，先來看一下關於瘦身飲食控制計畫的 3 個重要關鍵，很多快速達成瘦身目標的學員和企業名人們，都有遵照這些飲食控制計畫和 3 個關鍵來執行，它們的效果有目共睹。

關鍵 1 ：飲食控制法則 v.s 「破戒日」大亂吃！

在我的課程中成功減重、塑身的學員都知道，除了運動之外，我有一套飲食控制法則，適用在我所教的「12 週塑身課」當中。

這個飲食控制法則非常簡單、也很好執行，對一般人來說都不會太辛苦，每個學員都吃的很開心，因為用這一套飲食控制法則來進食，不僅照樣可以享受到喜愛的美食！而且還可以吃很多（一天吃 6 餐）！多吃不會胖、餓肚子反而容易胖！再搭配上我教的極簡單運動，很多人根本不必等到 12 週就瘦一大圈了！

「飲食控制法則」的 7 大重點：

❶ 前 6 週不吃澱粉。

❷ 整個 12 週完全不吃加工食品。

❸ 這 12 週當中，每週都可以有一天是你的「破戒日」，可以盡情的吃「破戒餐」！即使你想 6 餐都吃澱粉也 OK！所以 12 週，總共有 12 天你們可以盡情的吃。

❹ 第 7 週是「澱粉測試週」，我會讓學員在這週裡開始吃澱粉，來測試學員的體質是否會因為吃了澱粉類而變胖？

❺ 第 8 週，通常是「排毒週」，只能吃前面介紹過的「7 日蔬果排毒餐」，禁止吃任何澱粉、也不能吃「破戒餐」。

❻ 第 9 週是「麵包或麵食類測試週」，我會讓學員在這週裡開始吃麵包或麵食類，來測試學員的體質是否會因為吃麵包或麵食類而變胖？

❼ 如果以上的測試都正常，並不會因此而變胖，那之後一直到第 12 週，都是白天可以吃澱粉、晚上維持不吃澱粉。

關鍵 2 ：鹼性飲食 適合特別狀況的減重者！

再來就是，可以的話，盡量多吃鹼性食物，對減重瘦身也很有幫助。

有很多女生的身高不高，但是體重偏重，通常醫生都會建議除了減脂肪之外，肌肉也要稍微減少，不然整體看起來就是會過於大隻，這時候，鹼性食物就很重要了。

到底什麼是鹼性食物？坊間有許多營養專家教導大家利用鉀、鎂、鈉、鈣等礦物質離子的組成，去精準判斷食物的酸鹼性，但對大多數人而言，要搞懂食物的礦物質離子又要換算攝取量，這實在是太複雜了！反而容易使大家怯步。

因此，我將這些知識經過消化整理，透過簡單的餐盤理論，讓大家可以輕鬆記住食物的酸鹼性。餐盤理論中有穀類、蛋白質、蔬菜，和水果，而蔬菜、水果就是屬於鹼性食物；穀類、蛋白質就是偏向酸性食物，這是大方向的分法，在大原則不變的情形下，我們都可以依照這個方向來攝取。

像我們在運動的時候，身體會大量運用到蛋白質和脂肪的能量，所以此時活動力強，身體就會偏酸性。因此，若是在大量運動後就攝取偏酸性的肉類等，那身體恢復疲勞的速度就會變慢。

所以，運動後正確的進食方式應該是蔬菜水果先吃，之後才吃其他類的食物，先中和身體中的弱酸性，並且讓我們有飽足感，就不會因為運動後感到非常飢餓而吃下太多蛋白質。

像我每半年都會固定前往美國去學習運動和營養方面的新課程，今年我去美國研習時，就看到美國在鹼性飲食的推廣上已經做到相當便利的程度了，他們有設計一種天天送三餐、一天 10 美元的瘦身餐盒，裡面以蔬菜為主，少蛋白質，菜色都幫你配好。

這個餐盒最特別的就是以大量的蔬菜為主，只有少數蛋白質。蔬菜不會只有想像中的川燙，

都會有些自然的醬料，但當然不是濃稠的塔塔醬或凱薩醬，而是清淡的醬油、辣椒等簡單提味。例如餐盒裡有紅蘿蔔、四季豆，另外有一小塊單純的肉排。每一種食物都是各自處理，不會用混合烹煮的方式，讓每一口都能吃到單純的食物原味，是相當健康的餐盒。

鹼性飲食是什麼樣的人比較需要？

我非常建議身高、體重比例特別不平衡的學員可以多吃鹼性食物！

例如：一個女生身高 160 公分、體重卻有 70 公斤，我就建議一定要多吃鹼性飲食，以同時減少脂肪與肌肉量，不能再長肌肉了！但如果是身高 160 公分、體重 60 公斤的人，就不用強制減肌肉量，這時候鹼性飲食就只要適度搭配、作為養生調理之用即可。

所以，對於體重過重、肌肉過重、體脂過高的人來說，多多食用鹼性食物絕對可以有效幫助減重！這就是告訴大家，遇上特別狀況時，減肥不是只要減脂肪就夠了，反而是不但不能再養肌肉、長肌肉，更要適度的減肌肉才能真正瘦下來！

關鍵3 ：進食的順序 很重要！

此外，想要成功減重瘦身，飲食的先後順序也很重要！

首先，先喝湯可以增加飽足感。但選擇湯品時要看濃稠度不是濁度！不要選濃稠的湯，因為越濃稠越容易胖。

接著是攝取膳食纖維，例如水果、蔬菜都富含膳食纖維，先吃蔬果所攝取的膳食纖維會在胃中隔出一個類纖維網，以隔絕不好或易胖的物質。

但如果你真的不習慣先吃蔬菜，又必須要補充膳食纖維，這時候可以利用市面上販賣的膳食纖

維補充品，也同樣對提高腸道蠕動和隔絕易胖物質有作用。

再來，是攝取優質蛋白質，魚肉最佳，其次是白肉，最後才是紅肉。但女生因為需要鐵質，所以還是要適時攝取一些紅肉。

當前面這三類都吃完後，你的「破戒餐」、你想隨便吃的東西才能上場！通常此時也已經是半飽狀態，一來你能吃到自己想吃的東西，二來也能依照健康飲食順序，這樣的方式一定能讓你吃得很開心！而這也正符合我所說的：「快樂的減重瘦身，才容易成功！」

而在瘦身期間，如果你想喝飲料，黑咖啡是不錯的選擇，因為咖啡可以幫助身體代謝，但最好不要加入乳製品。另外茶也不錯，茶有兒茶素，還可以去油解膩，所以在日式餐廳都會附杯茶就是此功用；至於果汁則因為糖分太高，建議少喝為妙。

外食時要特別注意一點，有些人會因為忙碌就偷懶，連吃飯咀嚼都覺得浪費時間，就選擇奶昔、蔬果汁等流質式代餐，但這些效果並不好，主要原因是嘴巴沒有咀嚼的動作。咀嚼時口中會產生唾液酵素，接著腸道就會開始蠕動，營養吸收才會快。因此不咀嚼對身體而言就不是一頓正餐，反而更容易因為餓肚子而長脂肪！

最後也是最重要的一點：有些人覺得找不到健康料理的餐廳而寧願選擇餓肚子，比吃進有礙瘦身減重計畫的食物要好。但我必須跟你們說：「寧可吃錯，也不要餓肚子！」因為餓肚子絕對只會加速囤積脂肪！

「8大 外食 怎麼吃？」

01 「日式料理」

日式料理是我認為比較健康的一類。主要原因是日式料理通常比較少油炸和過度調味，獨特的醋飯更可以幫助腸道蠕動。

瘦身期間，在日式餐廳我們可以怎麼吃？吃哪些？

生魚片，只要新鮮就沒問題。炸豬排，最美味的就是酥脆的外皮，但因為炸的東西要少吃，所以很多人忍痛把外皮剝掉，不過這樣炸豬排就不美味而且還會吃得很不開心，其實我們只要去掉一面的皮，保留另一面，吃得到想要的美味才是快樂的飲食。另外如炸豆腐等炸物，只要少吃一點都沒有關係，千萬別讓自己吃得不開心。

烤物也很常見，無論是柳葉魚、香魚、秋刀魚……等，烤物基本上都沒太大問題。只是要選擇烤的時候鹽巴或醬汁沒有沾太多的，我們要吃得色香味俱全，但不用太極致，稍微有味道即可。

而常見的手捲也不錯，它主要是以海苔、生菜為主，再加上一些沙拉醬。最常見是加入美乃滋，大家都覺得美乃滋很恐怖，但美乃滋是絕對可以加的，因為這樣手捲才會有味道，只要提醒

師傅美乃滋加少一點即可。

日式料理中的醃漬類是幫助開胃的，尤其在

熱帶國家一定要吃些重口味的小食，不然會沒胃口。但要吃這些重鹹口味的醃漬類時，建議盡可能的在白天吃，例如早餐、午餐吃，晚餐就盡量不要吃以免造成水腫。

但若是你真的很喜歡重口味的東西，怎麼辦？那最重要的就是要多喝水和多吃蔬菜，因為蔬菜裡面有很多的水分，充足的水分可以幫助身體代謝、稀釋重口味中的鹽分等物質。

像是日式餐飲通常會附上一杯茶，就可以多喝。茶除了可以解油膩之外，在品嚐每一道菜之間喝口茶，可以幫助洗滌味蕾殘留味道，讓你品嚐下一道菜時更能嚐出美味。

一般人常吃的還有拉麵，在正統日式拉麵店吃拉麵時，店家都會告知要先吃麵，吃完時若要加湯再請他幫你加，再加湯後的湯頭口味就會淡很多，比較能入口，也不是重口味了，所以吃拉

麵要記得按照這個步驟就比較沒問題了。

蒸蛋也是蠻健康的食物，因為它沒有什麼額外的添加物。壽喜燒也算健康，但記得水和醬油的比例要調對，不要一直放醬油、不要過鹹或口味過重，多加水會比較好。

另外日本料理常見的湯就是味增湯，味增湯是蠻健康的湯品，它就是屬於湯水式的混濁而不是勾芡的濃稠，因此是屬於健康的湯品。

如果你吃一些有醬料的飯類，例如咖哩豬排飯時，記住咖哩醬千萬別往飯上拌著吃，而是要用豬排沾著吃，然後吃豬排時記得先把一半的皮剝掉，讓每一塊豬排都能吃到一面的皮，這樣就夠了。

除了上述介紹到的食物之外，其他有些料理是含有加工物、有些是因為屬於米飯類，要依照你們當時是否正在進行「黃金 12 週」的不吃澱粉期和排毒期來選擇是否能進食？就不在這裡一一說明。

我們到日式餐廳的進食順序，大概可以依照下面這樣吃：第一個先吃手捲，因為手捲的蔬菜量較多，再來可以吃一些醃漬小菜開開胃，接著吃生魚片等優質蛋白質。等優質蛋白質吃過後，若是想吃炸物或烤物都可以吃一些。依照這個順序進食，就可以有效降低讓我們肥胖的因素。

02 「美式餐飲」

快速的美式料理是年輕族群最喜歡的食物，可惜因為幾乎都是油炸類和高油脂類，所以成為不健康食物的代表。其實我們在美式餐廳還是有方法能吃得比較健康，例如不選油炸類改點烤豬肋排等碳烤類；若是想吃漢堡也可以把麵包改為蔬菜葉來包；薯條只點小份量的就好，也不要沾太多番茄醬。

我們到美式餐廳用餐，通常是因為喜歡美式肉類料理的好味道，因此重點是要吃蔬菜和肉類，至於馬鈴薯等澱粉類就可以少吃。

所以在美式餐廳的進食順序大概是這樣：首先點一份凱薩沙拉或是燻鮭魚沙拉等做為前菜，再吃個將麵包外皮換成蔬菜的漢堡，這時候蔬菜的份量應該就足夠了，接著再吃蛋白質如烤豬肋

排、魚排、烤雞等，最後才是吃薯條、油炸類食物。

美式料理也常會配上可樂等飲料，但建議少喝，可以改選湯品。選擇的時候要避免濃稠如奶油玉米湯、巧達湯等，最好選不濁的湯品，因為越濃稠越容易發胖，但無論如何，湯品還是比飲料健康。

🍴① 炸雞翅

炸雞人人愛,炸雞翅更因為可以啃骨頭而有不少愛好者。常見的炸雞翅從三節到二節都有,無論哪一種,最末端沒有肉的那一小節都不要吃!不只因為那節沒肉,更因為裡面含油脂量更高,而且都是皮,所以吃下去的都是油脂。

有些美式餐廳在炸雞旁會附上美乃滋或莎莎醬,沾醬可以適度沾一些但不要太多。吃炸物的時候記得皮剝去一半就不會吃入太多油脂。

🍴② 漢堡

點漢堡時,盡可能將麵包換成蔬菜,裡面的的肉片優先選擇魚類,譬如鱈魚堡,若是牛肉、豬肉,要選擇完整的肉片如沙朗牛排肉、黑胡椒肉,若看到是一般早餐店常見的漢堡肉餅,則最好能避免。

如果真的無法把麵包換成蔬菜,那我會建議你一個新的吃法,如果你能接受的話,把漢堡拆開來吃比較好:先吃蔬菜、番茄再吃肉片,最後很想吃的話再吃麵包,這樣才健康,下次不妨試試看。

🍴③ 美式早餐

常見的美式早餐都以豐盛聞名,一大碟中有蛋、小麵包、火腿或是培根以及生菜沙拉,這就是經典的美式早餐內容。所以吃的邏輯也是同樣地先從生菜沙拉開始,吃完後吃蛋,然後再吃其他肉類,最後才是麵包。

比較要留意的是,選擇哪種蛋也很重要!荷包蛋自己家裡就會煎,所以一般人去外面吃的時候會刻意選擇蛋包(Omelet),但建議還是選擇荷包蛋比較好,因為許多蛋包是用蛋包液製作,對健康比較不好。

至於早餐要喝什麼飲料?黑咖啡是最好的建議,而且盡可能不要加奶精或糖,若真的很喜歡加料時,寧可加砂糖也不要加奶精或牛奶。

飲料千萬別選果汁,因為加工果汁根本沒有膳食纖維而且糖分過高。試想,一杯柳橙汁往往需要六顆柳丁才能榨出來,但若是用吃的,二顆就已經很足夠了,而且還可以吃到果肉纖維。

所以喝果汁不僅攝取不到纖維,更可能喝了更多的糖分,所以即使是真正水果打的果汁也要少喝,因此我建議如果是吃美式早餐,還是選咖啡比較健康。

⁞◉⁞④ 牛排

雖 然三分熟的鮮嫩大家都愛，但為了健康著想，除非是高級餐廳的食材，否則建議牛排至少都要五分熟以上！

一般牛排店常會在牛排上淋上黑胡椒醬或磨菇醬，但事實上，真正好的肉品只需要一些些鹽巴提味，就能吃到肉的鮮美，過多的醬料只是掩蓋食物的原味，吃多也對瘦身減重有害，因此吃的時候請店家不要把醬汁淋在牛排上面，放在旁邊用沾的會比較健康。

在選擇主菜時，如果有雞排、魚排或海鮮類，建議優先考慮。另外，平價牛排鐵板上多半會有麵，可以請店家把麵換成蛋，多一顆蛋比起吃麵來得更好。

當然在牛排上桌前，多吃些沙拉、喝湯都是好的，只是平價牛排店裡如果只有玉米濃湯，濃稠的湯還是少喝為妙，如果是羅宋湯或清澈一點的番茄湯等，是可以多喝一點。

⁞◉⁞⑤ 沙拉

沙 拉是最沒負擔的料理了，但為了增添風味，往往會淋上醬汁，而這就是問題的所在。

常見的醬汁如油醋醬、千島醬、凱撒醬，最佳選擇是油醋醬，千島醬或凱撒醬是萬萬不可選的高熱量代表。

如果是油醋醬，直接淋在沙拉上拌著吃沒問題，但如果只有千島醬或凱撒醬，建議放在旁邊用沾的就好。

即使沙拉的蔬果都是混合在一起，但你一樣可以先挑水果吃，吃完再吃蔬菜，攝取膳食纖維幫助隔絕不好物質或油脂，最後才吃雞肉類的蛋白質。

⁞◉⁞⑥ 奶油吐司

奶 油吐司是許多人吃港式飲茶或西式早餐時的最愛，常見的奶油吐司有二種，一種是厚片，一種是薄片。薄片和厚片的差別，不只是吐司的厚度，最重要的是作法不同。

以厚片做成的奶油吐司是抹好醬再去烤；薄片奶油吐司通常是先烤好之後再抹醬。這個順序的差別，意味著奶油、果醬等抹醬中的加工物質，是否會被釋放出來。

因為加工物加熱後有害物質會被催化出來，因此吃下肚後吸收效果會加倍，所以從兩者作法上來比較，選擇烤好麵包再塗醬的作法，才能避免吃入許多有害物質。

03 「中式料理」

完整的中式料理通常在婚宴時最容易吃到，事實上，當我們吃中式合菜時，反而是不容易破戒的。若以婚宴來看，第一道通常是冷盤，有蔬菜也有*鮑魚*、*海蜇皮*等比較健康的料理，接著才是肉類上場，一場婚宴吃下來，真正犯規的料理大概就2～3道，例如：*油飯*、*炸湯圓*之類的甜點，唯獨要特別留意的是，想減肥的人不要吃到有*勾芡*的菜。

吃中菜，除了我們熟知的多吃蒸煮類、少吃油炸類的基本原則之外，進食順序也一樣：蔬菜類先吃，促進腸胃蠕動，同時隔絕不健康物質，再來水煮、清蒸、涼拌等菜式也是優先吃，其他越不健康的菜式越後吃。

另外，常見的麵攤，應該算是中式料理中的速食了。麵店雖然是最方便的餐館，但嚴格上來說卻是最不健康的料理！

因為*麵條*和*麵包*一樣，都是加工食品。當麥磨成粉再做成麵條時，中間已經流失不少營養素，而且製作過程還會放添加物，所以算是營養價值較低的東西。

我建議大家到麵攤一定要先吃一些開胃小菜，尤其是*海帶*、*小黃瓜*、*滷蛋*、*豆干*等，多吃

些開胃小菜能壓抑飢餓的感覺，這樣在吃麵的時候就不容易吃過量。

再者，*海帶*可以幫助燃燒脂肪，所以到麵店點對小菜是對健康有幫助的！

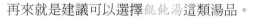

再來就是建議可以選擇*餛飩湯*這類湯品。

吃麵的話，當然是*白麵條*比*油麵*好；而*飯*、*水餃*又會比*麵條*來得好；即使同樣是*乾麵*，一般的*乾拌麵*也比淋上濃稠芝麻醬的*麻醬麵*來得好。

對於外食族而言，其實選擇食物真的很難如我們所說的面面俱到，但重點是，我們即使到一個比較不利瘦身減重的環境裡，一樣可以從當中挑選出比較健康的食物。

🍽① 蒜蓉蝦、鹽酥蝦

蝦子本身是很健康的食材，但問題往往出在料理手法上。例如以蒜蓉蝦和鹽酥蝦來看，蒜蓉蝦的作法是會淋上稠狀的醬汁，稠狀的醬汁就屬於較不健康，因此兩者相較，寧願選擇鹽酥蝦還比較健康，所以在吃蝦料理時，首先避免有淋醬的作法，選擇清蒸、水煮或炸的蝦料理是比較好。

🍴② 蒜泥白肉

蒜 泥白肉本身是非常健康的，但大家都要沾上醬油膏，這就是問題的來源。所以，建議蒜泥白肉要沾的醬油膏改成清醬油就會好很多。

🍴③ 滷肉飯、雞肉飯

雞 雞肉飯和滷肉飯都是台灣正港特色料理，一般小吃攤兩者都有賣，如果想要健康點，請選擇雞肉飯，因為雞絲就是雞肉煮熟後切絲，並沒有太多的加工過程，但滷肉飯的滷肉不僅要剁碎、滷過，而且有名的店家還是用老滷，這些加工過程就影響了食物的健康度。

---

04 「泰式料理」

泰式食物也是近年來深受大眾喜愛的料理。大多數泰式料理的菜式沒有太大問題，只有以下幾種類型的特別要注意，例如：有經過油炸的椒麻雞，就要留意只吃一半的脆皮，還有泰式料理中很愛用的椰汁也盡量少吃，因為濃稠的椰汁有很高的反式脂肪。

再來就是，菜夾起來的時候先停留3～5秒，讓沾附的醬汁滴掉一些後再吃，切記千萬不要把濃稠的醬拿來澆飯吃。

大家喜愛的月亮蝦餅也要留意，因為月亮蝦餅的填餡是將蝦子搗碎，再以一些添加物製成蝦漿，這就是加工食品，加工食物也是影響食物 GI 值的重要關鍵，所以還是要少吃非天然、加工過的。

05 「燒烤類」

氣氛熱烈的燒烤店也是近年來興起的餐廳，朋友同事大夥兒來這裡動手烤食物的聚餐總是很開心。燒烤店的食物通常是蠻天然的，因為貢丸、火鍋料等加工食物通常不太能烤，所以在食材上比較不用擔心。

所以吃燒肉的重點，首先當然要注意不要烤太焦，其次一般人在燒烤時往往不能判斷醬料要刷多少，因此會一層一層的一直刷，這時候就會吃入太多不健康的物質。因此建議點選店家已經

事先醃好的食材，如此就不用再刷醬，可以吃得較健康。

　　整體來說，一到燒烤店千萬別一股腦的就開始烤肉，先跟店家要一些蔬菜或醃漬小菜，也可以點個清湯，當蔬菜下肚後才開始燒烤海鮮、肉類，等到蛋白質食物都吃完後才可以點些加工食物，例如烤麻糬等，按照順序這樣吃下來才會是健康的燒烤大餐。

06 「鍋類」

　　常見鍋類如麻辣鍋、羊肉爐、潮州砂鍋粥、三媽臭臭鍋……等，常是宵夜的最佳選擇，Kenny就是愛吃火鍋的代表，但重點是要懂得如何吃火鍋才不會變胖。

　　吃火鍋首要原則是不要吃加工過的火鍋料，例如魚餃、貢丸、燕餃、鑫鑫腸、米血糕等，這些都是加工食品，所以我都會請店家把這些火鍋料換成蔬菜，通常店家都會願意。

　　吃的時候一樣要從蔬菜開始，若想喝點湯頭也要在剛開始煮蔬菜的時候喝，等到蔬菜吃完後才開始煮肉，因為一旦開始煮肉之後，湯裡面的普林、有害物質就會增加，這時候火鍋湯頭就不能喝了。

　　如果是兩個人一起去吃火鍋更棒，因為可以一鍋用來煮蔬菜、一鍋專煮肉，這樣就有一鍋蔬菜湯可以喝了。

　　另外，火鍋醬料也是個關鍵，沙茶醬、稠狀的醬油膏、豆瓣醬不要加，至於醋、辣椒、清醬油、蒜蓉、蘿蔔泥都可以加，這樣才能色香味俱全。

　　這幾年大家很愛麻辣火鍋，吃麻辣火鍋的邏輯和一般火鍋是一樣的，就是先吃蔬菜喝湯，之後才吃肉類，最後才考慮吃加工食品。

　　例如大家都很愛的麻辣鍋聖品——油條，若要大家都不吃恐怕有點困難，所以建議先吃了蔬菜、肉類後，最後才吃油條，這樣既可以吃到想

吃的東西，又不會吃入太多不健康的物質，這時候你會發現自己什麼都有吃到，只是按照順序時，你就會吃得很開心，也比較不用擔心容易發胖。

🍴① 砂鍋羊肉

砂鍋羊肉之類的火鍋和一般火鍋不同之處在於，一般火鍋是客人自己煮肉，所以在煮食過程中就會釋放出有害物質；但砂鍋羊肉是店家先以大鍋煮好，端上桌前才將煮好的肉類與其他配料放入砂鍋加熱，所以這種湯頭是可以喝的。

通常砂鍋羊肉裡面也不會有太多火鍋料，裡面多半只有青菜、羊肉、豆腐皮、冬粉，記得冬粉不要全部吃完，或是請老闆把冬粉換成白飯，就會更健康一點。

07 外食族最愛的「便當和自助餐」

一般便當通常是有飯、肉和三樣蔬菜，大家都喜歡一口飯、一口菜，讓每一口都吃到不同的食物，但我希望大家可以改變這個吃法。最好是一種蔬菜吃完後再吃另一種蔬菜，等所有蔬菜吃完後再吃肉類，最後才吃白飯。

當你改變成這種順序吃便當時，會發現吃到白飯時已經有點飽足感了，這時候就可以只吃一半的白飯而不會全部吃下肚。有趣的是，以往我們配著吃其實不太能吃出白飯的味道，但當你全部吃完後才吃白飯時，你會發現飯有一點甜甜的味道，這才是食物真正的味道。

在挑選便當主菜時，建議先選富含 Omega-3 的魚肉、海鮮以及深綠色蔬菜，盡量不要選太油的食物。

而且為了讓身體可以吸收到更多樣的植物酵素，以幫助消化系統更好的蠕動，我們應該要多選一些平常比較少吃的蔬菜，並盡量多種類而少份量。

有些人會選擇素食自助餐，認為吃素食很健康，但素食裡其實潛藏著不少危機，例如料理時會加比較多的油、會使用素肉、素雞等加工食品。所以到素食自助餐挑選時，一樣建議要選多種類的天然食物，不要選加工食物，選擇滷煮的方式遠比油炸來得健康。

08 「冰品類」

常見的冰品有刨冰、雪花冰和冰淇淋三種。

若是將刨冰和雪花冰比較，刨冰是比較健康的。主要原因是因為雪花冰的製法會加入煉乳，而煉乳不僅糖分高而且營養價值很低，是相當不健康的食材。

至於在吃刨冰時，通常會加入三、四種配料，最好多選擇天然食材，譬如紅豆、薏仁、芋頭等，但如果也很想吃點粉圓、芋圓、粉條、湯圓時，可以搭配點選一種，也就是三種健康的食材配一個不健康的食材，這樣就可以吃到想吃的但又不會全部都不健康。

刨冰上總要淋些醬汁，才會讓冰有更多的味

道，但切記糖水最好不要加太多，更不要加煉乳，如果想更健康一點，如果刨冰店有水果類的選擇時，可以請他以水果汁取代糖水，這樣就更好了。

至於冰淇淋，它其實算是低升糖食品，但問題是脂肪太高，所以真的要盡量少吃。但若真的很想吃，盡可能在白天吃吧，一個禮拜頂多吃二支（或2球），是還可以接受的。

Grace
瘦美人 06

Kenny [成功打造 馬甲線女神 眾多企業名人唯一推薦的超級瘦身專家] 6分鐘+8分鐘

教你 多吃、動少、救身材!

作　者	林煦堅 kenny
發 行 人	馮淑婉
總　監	Selena
主　編	熊愛玲
編輯協力	Selena、陳安怡、阿奇
攝　影	黃天仁攝影工作室、莊崇賢攝影事務所、Airos
美術設計	賴姵伶

出版發行　趨勢文化出版有限公司
　　　　　新北市板橋區漢生東路 272 之 2 號 28 樓
　　　　　電話◎ 2962-1010
　　　　　傳真◎ 2962-1009

特別感謝　拍攝場地提供 / 悅禾泰式養生美容莊園　仁愛會館
　　　　　http://www.villa-like.com.tw/main.php
　　　　　彩妝造型 / 艾兒髮妝　(Motives by Loren Ridinger 擔
　　　　　任歐美彩妝保養國際授證教育)
　　　　　部分照片提供 / 東峻攝影工作室

初版一刷日期－ 2014 年 3 月 5 日
法律顧問－ 永然聯合法律事務所
讀者服務電話◎ 2962-1010 ＃ 66
ISBN ◎ 978-986-85711-6-7　(平裝附數位影音光碟)
Printed in Taiwan
本書定價◎ 320 元

國家圖書館出版品預行編目(CIP)資料

　一手打造馬甲線女神的超級瘦身專家：Kenny教你多吃、動少、6+8救身材! / 林煦堅作. -- 初版. -- 新北市：趨勢文化出版, 2014.02
　　面；　公分. -- (GRACE瘦美人；6)
　　ISBN 978-986-85711-6-7(平裝附數位影音光碟)

　1.塑身 2.健身運動 3.健康飲食

425.2　　　　　　　　　103001534